LENINGRAD MATHEMATICAL OLYMPIADS (1987—1991)

俄罗斯数学精品译丛

列宁格勒
数学奥林匹克

(1987—1991)

● ［俄罗斯］德米特里·福明 (Dmitry Fomin)

● ［俄罗斯］阿列克谢·基里琴科 (Alexey Kirichenko)　著

● 郑元禄　译

$$\sum_{k=1}^{5} k^5 x_k = a^3$$

$$\sum_{k=1}^{5} k^3 x_k = a^2$$

$$\sum_{k=1}^{5} k x_k = a$$

哈尔滨工业大学出版社

HITP　HARBIN INSTITUTE OF TECHNOLOGY PRESS

黑版贸登字 08－2021－023

内 容 简 介

本书涵盖了 1987—1991 年列宁格勒数学奥林匹克竞赛的试题及解答,附录部分还介绍了这 5 年中每一年的获奖情况.在书中前言部分介绍了列宁格勒奥林匹克竞赛的一些历史及其比赛规则.本书中的问题涉及代数、几何等多个方面,问题的解答完整且翔实.本书写作的目的主要是为了引起广大读者对数学的兴趣及对数学的深度思考.

本书适合中学生、教师以及任何对数学抱有热情的读者参考及阅读.

图书在版编目(CIP)数据

列宁格勒数学奥林匹克:1987—1991/(俄罗斯)
德米特里·福明(Dmitry Fomin),(俄罗斯)阿列克谢·
基里琴科(Alexey Kirichenko)著;郑元禄译. —
哈尔滨:哈尔滨工业大学出版社,2024.8
ISBN 978－7－5767－1282－7

Ⅰ.①列… Ⅱ.①德… ②阿… ③郑… Ⅲ.①数学课
－中小学－教学参考资料 Ⅳ.①G634.603

中国国家版本馆 CIP 数据核字(2024)第 050359 号
LIENINGGELE SHUXUE AOLINPIKE:1987—1991

策划编辑	刘培杰　张永芹
责任编辑	关虹玲
封面设计	孙茵艾
出版发行	哈尔滨工业大学出版社
社　　址	哈尔滨市南岗区复华四道街 10 号　邮编 150006
传　　真	0451－86414749
网　　址	http://hitpress.hit.edu.cn
印　　刷	哈尔滨市工大节能印刷厂
开　　本	787 mm×1 092 mm　1/16　印张 11　字数 217 千字
版　　次	2024 年 8 月第 1 版　2024 年 8 月第 1 次印刷
书　　号	ISBN 978－7－5767－1282－7
定　　价	38.00 元

序　言

　　数学与优秀的管弦乐音乐、大量的小说和古典芭蕾舞剧一样,都是俄罗斯文化的伟大成就之一.自叶卡捷琳娜大帝召唤大数学家欧拉到圣彼得堡以来,俄罗斯的数学学派贡献了大量的数学成果.

　　在俄罗斯历史的苏联时期,数学成就更加辉煌.苏联数学家们对数论、分析学与概率论领域做出了巨大贡献.西方出版的杂志密切关注着苏联数学的发展动向.

　　数学研究活动的加强是由于苏联有意识地增加对科学技术的投资.共产主义是科学的社会主义,科学技术在改善人类生存条件方面的作用是苏联最重要的信条.

　　数学家与其他领域(物理学、化学和医学等)的科学家相比,相对较少受到束缚,因为他们不需要实验室.因此年轻人被数学吸引,并在已经工作了的数学家中找到了榜样和指导老师.

　　所有这些不同的环境也形成了苏联数学生活的另一个主要特点:在科学研究与教育之间,在大学与中学之间,在大学教授与中学教师之间的密切联系.

　　最高水平的数学家们找到了与中小学年轻人共事的时间.这样的世界级数学家如柯尔莫戈洛夫、邓肯与盖尔丰德创办了学校与杂志,撰写论文,并与大学生、中学生们谈话.俄罗斯几所大学的附属州立数学和科学寄宿学校是这种文化的典范,例如创办俄文杂志《量子》(кцаит),发表供高中学生阅读的数学、物理文章(美国杂志《量子》(Quantum)力图译出俄文杂志《量子》的一些文章供美国学生阅读).

　　我们必须在这种背景下看待列宁格勒数学奥林匹克竞赛(LMO).正如前言所说的那样,它们是一些最具才华的数学家经过深思熟虑的产物.LMO的程序的劳动密集形式(笔试),特别是口试形式,是在富有数学的环境中逐步发展起来的,具有各个层次的数学水平的人们之间的合作与交流的传统,包括从中小学毕业水平到最深奥的资料.

　　据估计,列宁格勒国立大学全体数学教师的60%参加了每届LMO的写作、评分与评价.即使在苏联,这个数字也是令人惊讶的.

　　LMO是世界上最令人激动和有趣的高中数学活动之一.本书中的问题代表了苏联一些最具有才能的人提出的重要的数学思想.在任何一个国家,为寻找如此有才能的数学家,并如此激励,提供他们美好的前途,是很少见的.

马克·索尔

布隆克维学校

布隆克维区,纽约市

1993 年 7 月

作者前言

LMO 也许是世界数学比赛中的唯一珍品.

首先,与大多数其他比赛不同,LMO 提出的所有问题几乎都是新的且首创的.LMO 的评审委员会现在主要由年轻的圣彼得堡数学家组成,他们在过去 60 年中一直致力于这一目标.

其次,LMO 是俄罗斯(也许是世界上)唯一的官方组织的比赛,它的最后阶段以口试形式进行.LMO 与入学考试不同,后者有许多考卷和单调安静的环境.相反,LMO 像竞赛参加者与评审员之间的一系列对话.

本书介绍了最后 2 个(口试)阶段的比赛问题.

一些历史说明

创办于 1934 年的 LMO 是俄罗斯最古老的数学比赛.它的后辈,莫斯科数学竞赛是在 1935 年首次举办的,根据 LMO 的成功经验.

1934 年,LMO 的组织委员会由著名数学家、列宁格勒国立大学教授 B. N. Delone, G. M. Fikhtengoltz,V. A. Tartakovskiy 和 O. K. Zhitomirskiy 组成,其他参与实现 B. N. Delone 的伟大想法的杰出科学家有 D. K. Faddeev,I. P. Natanson,V. A. Krechmar 和 V. I. Smirnov.

在最初几年,LMO 仅对高年级(10 年级)举办,但是在 1938 年至 1940 年间,低年级也被列入 LMO 的计划中.

起初,LMO 的获胜者不允许参加之后年度的比赛,因为竞赛组织者担心 LMO 会变成一项独占性的竞技运动,而不是培养列宁格勒学生丰富的数学知识的系统.尽管有这条规定,但是一些学生在获得以前竞赛的奖项后,仍旧参加之后的 LMO,而 LMO 在 1939 年取消了这个规定.

LMO 组织者的主要目的是支持学生努力争取优秀的数学成绩.我们相信他们能达到目的.随后,数学竞赛在全国各地(主要是在大型工业城市)都组织起来了.在 20 世纪 60 年代,苏联的数学教育达到了很高水平.

在 1961 年与 1967 年,随着全俄数学奥林匹克与全苏数学奥林匹克的分别建立,奥林匹克系统的建设已经完成.由于这个系统受到地方政府与教育部门的支持,全苏联很多学生都被数学所吸引.奥林匹克系统包括乡村学校以及下列大城市的数学与物理专门学校:莫斯科、列宁格勒、基辅、新西伯利亚、第比利斯、埃里温、里加、阿拉木图、明斯克和哈尔科夫.

LMO 成为这个全面奥林匹克系统的组成部分,列宁格勒队与莫斯科队在全苏数学奥林匹克最后的比赛阶段中,具有与各个加盟共和国队平等的地位.

以下是列宁格勒的学生在全苏与国际奥林匹克竞赛中的一些成绩. 在 20 世纪 80 年代,列宁格勒的学生在全苏 129 份一等奖证书中获得了 40 份. 在国际奥林匹克中,在苏联队获得的 58 份得奖证书中,列宁格勒的学生得到 21 份. 从 1987 年到 1991 年,在苏联的参赛者中至少有一半来自列宁格勒(但是该市人口仅占苏联城市人口的 4%). 中学时参加过 LMO 的列宁格勒数学家有 Mikhail Gromov(他获得了一等奖证书),Alexey Aleksandrov 等许多人.

但是数学奥林匹克竞赛的价值不仅在荣誉上和"发现"杰出的数学家,它们最重要的价值在于提高有才能的成千上万人的数学知识与兴趣.

LMO 的结构

LMO 分 4 个级别(或阶段)举行.

1. 学校级别,对 6 年级以上学生,于 12 月或 1 月在当地学校举行.

2. 地区级别,于 2 月在列宁格勒的 22 个区中举行. 据了解,只有学校级别的获胜者才能参加这个级别的竞赛. 但是,实际上,任何一个学生都可以在这个地区的比赛中撰写论文. 这个级别是参照传统奥林匹克竞赛而组织的,有 10 000 或 12 000 名参赛者撰写论文.

3. 全市级别,这是主要阶段,于 2 月和 3 月举行. 每个年级大约有 90～130 名学生参加. 这些测试是以口试形式进行的,持续 3.5～4 小时.

4. 决赛级别,这是淘汰阶段,于 3 月举行,3 个高年级大约有 80～100 名学生参加(1991 年只有 34 名学生参加). 这个阶段是口试,持续 5 小时.

除了分级别,LMO 还分年级. 6—8 年级的学生(直到 1989 年,5—7 年级)参加低年级奥林匹克竞赛,而 9—11 年级的学生(直到 1989 年,8—10 年级)则参加高年级奥林匹克竞赛(直到 1984 年,苏联学校才包含 1—10 年级,从 1990 年起,包含 1—11 年级).

口试阶段

在 LMO 的口试阶段,参赛者们会收到一份书面问题表,但是他们不必写出他们的解答. 相反,要回答一个或多个问题的任何一个参赛者都可以向评审员口述解答方案(必须准备好回答评审员提出的所有问题).

通常有 40～60 名评审员,大多是圣彼得堡大学的大学生、大学毕业生和教授. 评审员对正确或错误的解答记录加(+)或减(-)的分数,参赛者有 3 次解答每个问题的机会,对每个问题得出加,减—加,减—减—加,或减—减—减的可能分数. 对高水平的问题,特别是在淘汰阶段,要求评审员在接受的解答中高度重视准确性和精确性. 在传统上两人一组,每个分数必须标上评审员姓名的第一个字母.

参赛者的名次总是根据他们解答多少问题而定的. 有时恰巧参赛者只解答了几个所提出的问题,而在许多类似的比赛中并非如此.

主要阶段

主要阶段包含 6 个或 7 个问题,问题的复杂性通常从第一题到最后一题逐步递增. 在这个阶段开始时,所有参赛者都坐在预备教室中,在黑板上或纸上向他们提出前 4 个问题,在 4 个预备问题被解答后,只在"外面的"教室中给出 2 个或 3 个附加问题.

把这个阶段分为两部分的传统降低了参赛者与评审员的工作量,后者只需要听取数百个参赛者中的一些人对最复杂问题的解答即可.这非常重要,因为评审员要多次听取错综复杂的数学问题的解答,并说明(经常包含逻辑错误与含糊不清的数学语言)与检查解答方案.

前2个问题(所谓的安慰问题)这样选择,使大多数参赛者都能够解答它们.最后1个或2个问题是比较困难的.但是,通常至少有一名参赛者能够解答主要阶段中的所有问题.

被LMO评审员邀请参加主要阶段的学生如下:今年第2阶段(地区级别)比赛中的获胜者、获得去年低年级奥林匹克竞赛前3名的所有学生,以及去年高中奥林匹克竞赛获得前2名的所有学生.此外,8年级奥林匹克竞赛一等奖获得者被邀请参加9年级奥林匹克竞赛.这些在主要阶段中表现最好的参赛者被邀请去参加淘汰阶段.

从1984年到1990年,数学与物理专门学校最高的2个年级的学生参加高级奥林匹克竞赛,与普通学校的同龄学生分开——从1984年到1988年,在分开的"中级"竞赛中带有书面解答;在1988年和1990年,参赛者通过书面解答与同龄人的口头解答方案相竞争.书面竞赛包含5个问题,而口试竞赛包含6个问题.但在1991年,有2组学生参加了共同的全部口试主要阶段.

淘汰阶段

与主要阶段不同,最后的淘汰阶段不分预备部分与"外部"部分,它包含8个或9个问题,而不是6个或7个问题.

从1962年到1983年以及1991年,淘汰阶段的唯一目的是确定哪些参赛者将在全苏奥林匹克竞赛中代表城市队,而从1984年到1990年,淘汰阶段是官方LMO系统的一部分,奖品将分配给这个最后阶段的优胜者.

淘汰阶段中的绝大部分参赛者是数学与物理专门学校的学生,他们在校外参加过非正式的"数学圈"——一种致力于解题或研究课外初等数学与高等数学的研讨班.这是苏维埃社会主义共和国联盟校外教育的标准形式,很多数学家与教师都参加过这个研讨班.这就是LMO淘汰阶段中的问题如此困难的原因.在这个水平上,一些问题根本没有解决(正如附录统计表所指出的那样).

结论

最后,我们要指出LMO口试形式的优缺点.

评审员在接受错误答案时做出的任何误判,在比赛结束后都无法调整,唯一有机会纠正不合理的分数是在比赛期间.如果发现一个不合理的加分即将被改为减分,比如说,另一个评审员在检查答案时发现,那么应该通知参赛者,以便他能在比赛结束前尝试为答案辩护或改进答案.

LMO口试形式的优点如下:

1.参赛者与评审员用正确的数学语言直接交流.

2.有可能改正奥林匹克竞赛中的错误,甚至改变我们对一个问题的观点.

3. 写出解答或严谨地证明并说明一些众所周知的事实.

4. 能够很快得出分数;在奥林匹克竞赛后,获胜者立即被确认.

本书的结构

本书由 1987—1991 年 5 届 LMO 的问题与解答组成. 我们有时会对一个问题提供两种不同的解答. LMO 的参赛人数与参赛者解答的问题数量的统计表、数学术语以及问题索引将在本书附录给出.

致谢(略).

出版者前言

为什么要再出一本有关奥林匹克竞赛问题的书呢？因为已经出版了一些声誉卓著的数学奥林匹克竞赛英文图书. 我想起了几本书：关于美国数学奥林匹克竞赛、国际数学奥林匹克竞赛与匈牙利数学奥林匹克竞赛的图书（艾特维斯比赛）.

但是，当我收到这本书的第一稿时，我重新考虑了这份稿件是否值得出版，我惊叹于这些问题的新颖性. 当我阅读了全部问题时，有很多次我不得不停止阅读，因为我想解答刚才读过的问题或者放下一切偷看一眼解答. 与热心的问题设计者和出版者一样，我每年都能看到成千上万个问题，但是不知为什么这些问题似乎是与众不同的. 它们具有一些我不能确定且难以形容的性质，使它们不同于我所使用的绝大多数西方问题.

这也许是因为我们过去在美国较少接触俄罗斯的数学与教育体系.

数学家、问题设计者、学生和教师都会从本书中受益. 我注意到这些问题与美国竞赛问题之间的一个差别是，它包含了大量的游戏问题（"2 个人玩 1 个游戏，在黑板上轮流写出一些数，或从一堆石头中取鹅卵石……，谁赢得这个游戏，取胜策略是什么？"）. 在教育上，我认为这样的问题对吸引学生去寻找取胜策略及培养他们的数学兴趣是有用且有价值的.

另一个我注意到的差别是，本书缺少涉及概率与三角函数的问题. 这是某种显著的文化差异，还是仅仅是由于样本空间小而造成的意外呢？

无论怎样解答这些与我们传统问题不同的问题，我都很荣幸地向您推荐这本令人喜爱的书.

致谢（略）.

斯坦利·拉宾诺维茨
数学问题图书出版社
马萨诸塞州，德福市
1993 年 7 月

目　　录

1 第 53 届奥林匹克(1987)

主要阶段

5 年级

1. 把数 $1,2,\cdots,16$ 写在 4×4 的表格中,如图 1.1(a)所示.可以把 1 加到任意一行的各个数上,或从任意一列的各个数中减去 1.利用这些运算,如何得到图 1.1(b)所示的表格?

[解答在第 35 页]

1	2	3	4
5	6	7	8
9	10	11	12
13	14	15	16

(a)

1	5	9	13
2	6	10	14
3	7	11	15
4	8	12	16

(b)

图 1.1

2. Anchury 国家的货币有 4 种不同的面值,分别为 $1,10,100,1\,000$ 美元.能否使 50 万张这些钞票的总值是 100 万美元?

[第 35 页]

3. 一个国王打算在他的王国里建造 6 座堡垒,使每 2 个堡垒用一条道路连接起来.请作出这些堡垒与道路的图形,使得恰好有 3 个十字路口,且恰好有两条道路在每个十字路口相交.

[第 35 页]

4. 如果每个男孩买 1 个肉饼,每个女孩买 1 个面包,那么他们所用的总钱数比每个男孩买 1 个面包与每个女孩买 1 个肉饼所用的总钱数多 1 分.已知男孩人数比女孩人数多.那么男孩人数与女孩人数之差是多少?

[第 35 页]

5. 电车票上有 6 位数(从 000000 到 999999).一张电车票称为幸运电车票,如果它的前 3 个数字之和等于它后 3 个数字之和.从事先不知道号码的一张电车票开始,需要多少张连续编号的电车票,才能获得幸运的电车票?

[第 35 页]

6. 两位玩家在 9×9 棋盘上玩以下游戏:他们连续地在棋盘的任意空方格上写下2个符号之一;一位玩家第1步写下加号,另一位玩家写下减号.当棋盘的所有方格上写满符号时,可以算出他们的得分.包含加号比减号多的行与列的数目是第一个玩家的得分,所有其他的行与列的数目是第二个玩家的得分,那么在没有错误的情况下,第一个玩家在游戏中可以得到的最高分数是多少?

[第 36 页]

6 年级

7. 同问题 1.

8. 在锐角 $\triangle ABC$ 中作出高 CH 与中线 BK,已知 $BK = CH$,$\angle KBC = \angle HCB$. 证明:$\triangle ABC$ 是等边三角形.

[第 36 页]

9. 同问题 4.

10. D_1 国与 D_2 国的货币分别称为 d_1 与 d_2,兑换率分别为1个 d_1 等于10个 d_2,1个 d_2 等于10个 d_1.一个新手商人有1个 d_1,可以免费兑换任意一国的货币.证明:他从来没有相同数量的 d_1 与 d_2.

[第 36 页]

11. 同问题 5.

12. 在图 1.2 中,可以用整数 $0,1,2,\cdots,9$ 填入空白圈,使每个黑色三角形顶点上各数之和相等吗?

[第 36 页]

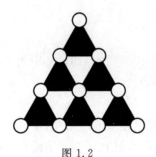

图 1.2

7 年级

13. 凸四边形 $ABCD$ 对边的中点联结成的各线段,分这个四边形为4个有相等周长的四边形. 证明:$ABCD$ 是平行四边形.

[第 37 页]

14. 同问题 4.

15. 同问题 10.

16. 不自相交的闭合8段折线的各顶点与1个立方体的各顶点重合. 证明:这样的一条折线有一段与这个立方体的一条棱重合.

[第 37 页]

17. 建筑公司正在修建一条相距 100 英里①的 2 个城镇间的公路. 按照工作计划,公司在第 1 个月必须修建 1 英里公路. 如果在随后的任何月初,已经建成 A 英里公路,那么公司必须在这个月额外修建 $1/A^{10}$ 英里. 请问:公司能按这个计划建成这条公路吗?

[第 37 页]

18. 一位几何学家有一些几何作图工具,可以经过两个给定点作一条直线,过直线上的一个给定点作这条直线的垂线. 那么这位几何学家能否用这个工具从一个给定点向一条给定直线作出一条垂线呢?

[第 37 页]

8 年级

19. 将 50 个兵放在 10×10 的棋盘上,使其中 25 个兵占用棋盘左下方的四分之一部分,另外 25 个兵占用棋盘右上方的四分之一部分. 如果 1 个兵可以跳过相邻的兵到下一个空方格(图 1.3),经过几次这样的跳跃后,这些兵能否只占用棋盘的左半部分?

[第 37 页]

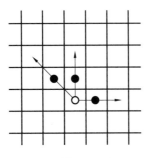

图 1.3

20. 一堆硬币的面值分别为 1,2,5,10,20,50 美分,以及 1 美元. 由 B 枚这些硬币组成的一个集合 B 值 A 美分. 证明:由 A 枚这些硬币组成的一个集合 A 值 B 美元.

[第 38 页]

21. 给定实数 a,b,c,d,证明
$$(1+ab)^2+(1+cd)^2+(ac)^2+(bd)^2 \geqslant 1$$

[第 38 页]

22. 在平面上作出 $\triangle ABC$. 点 A_1,A_2 与 B_1,B_2 分别在边 AC 与 BC 上,使 $CA_1 = A_1A_2 = A_2A$,$CB_1 = B_1B_2 = B_2B$. 证明:若已知 $\angle A_1BA_2 = \angle B_1AB_2$,则 $\triangle ABC$ 是等腰三角形.

[第 38 页]

23. 几只乌鸦站在大橡树的树枝上,在某时刻它们以如下方式改变位置:每分钟,站在同一树枝上的相邻乌鸦,其中一只会驱赶另一只,那么它会飞到这棵橡树较高的下一个树枝上. 若没有树枝比这个树枝更高,则这只乌鸦就会飞走. 且没有两个树枝处于同一高度.

① 1 英里 = 1.609 千米.

证明:这个过程结束的时刻(即每个树枝上只有一只乌鸦)只依赖于乌鸦开始的位置安排,而不依赖于飞走的顺序.

[第 38 页]

24. 将 64 个单位正方体放在桌上,使它们组成 8×8 的正方形.那么能否把这些正方体这样放置在空间,使它们组成 4×4×4 的正方体且任意 2 个相邻正方体(在正方形中)再相邻?我们称具有 1 个公共面的 2 个正方体为相邻正方体.

[第 39 页]

9 年级

25. 我们允许交换 8×8 棋盘上的任意 2 列与任意 2 行,棋盘中的正方形方格以通常形式被交替地涂成黑色与白色.用一系列这样的交换,能否得到棋盘的左半部分是黑色,右半部分是白色?

[第 39 页]

26. 有 2 个圆相交于点 A 和 B,它们的切线在点 A 和 B 上垂直.设 M 是在其中一个圆上选择的任意点,使它位于另一个圆内.分别用 X 和 Y 表示直线 AM 和 BM 与后一个圆的交点.证明:XY 是这个圆的直径.

[第 39 页]

27. 求值

$$\cfrac{1}{2-\cfrac{1}{2-\cfrac{1}{2-\cfrac{1}{2-\cdots\cfrac{1}{2-\frac{1}{2}}}}}}$$

其中数字 2 出现 100 次.

[第 40 页]

28. 同问题 21.

29. 求具有以下性质的最大自然数:它的每个数字(除了第 1 个数字与最后 1 个数字)都小于其 2 个相邻数字的算术平均数.

[第 40 页]

30. 天文学家把用望远镜观察到的 50 颗星星之间的距离相加,结果是 S.突然,云遮住了其中的 25 颗星星.证明:可见的 25 颗星星之间的距离小于 $S/2$.

[第 40 页]

10 年级

31. 同问题 20.
32. 同问题 26.
33. 同问题 27.
34. 同问题 21.

35. 是否存在 1 个自然数 n,使 $n^n + (n+1)^n$ 可被 1 987 整除?

[第 40 页]

36. 同问题 30.

淘汰阶段

8 年级

37. 已知 $\triangle ABC$ 中的 $\angle B = 60°$,高 CE 与 AD 相交于点 O. 证明:$\triangle ABC$ 的外接圆圆心在 $\angle AOE$ 和 $\angle COD$ 共同的角平分线上.

[第 40 页]

38. 给定正数 a,b,c,d,且给定 $cd=1$,证明:闭区间 $[ab,(a+c)(b+d)]$ 至少包含 1 个整数的平方数.

[第 41 页]

39. 比赛把"数字"写在下式空白处

$$((((((((((\_ * \_) * \_) * \_) * \_) * \_) * \_) * \_) * \_) * \_)$$

两位玩家轮流采取行动. 第一个玩家把 1 个十进制数字写在最左边的空白中. 如果第 2 步是把 1 个十进制数字写在下一个(从左边算)空白中,并把这个数字左边的星号换为"×"或"+". 必须无重复地选择数字. 最后,计算出所得表达式的值. 当结果是偶数时,第一个玩家获胜,否则第二个玩家获胜. 如果他们竭尽全力,谁会获胜?

[第 41 页]

40. 在幸福城只允许两两交换公寓. 如果 2 个家庭交换了他们的公寓,那么他们在同一天不能参加其他的交换. 证明:涉及多个家庭的复合交换可以在 2 天内完成(在每次交换前后,每个家庭都住在独立的公寓中).

[第 41 页]

41. 在六边形 $A_1 A_2 A_3 A_4 A_5 A_6$ 内取点 O,使所有的 $\angle A_i O A_{i+1} (A_7 = A_1) = 60°$. 证明:$OA_1 > OA_3 > OA_5$,并且若 $OA_2 > OA_4 > OA_6$,则

$$A_1 A_2 + A_3 A_4 + A_5 A_6 < A_2 A_3 + A_4 A_5 + A_6 A_1$$

[第 42 页]

42. 把数 $989 \cdot 1\ 001 \cdot 1\ 007 + 320$ 表示成一些素数的乘积.

[第 42 页]

43. 从一个平面上切下一些圆,已知没有一个圆在任一个圆内部,且有一些圆的内部重叠. 证明:不可能用这个方法无重叠地装配这些圆切片,使它们组成一些不相交的圆盘.

[第 42 页]

44. 伊朗王的卫兵要寻找已进入皇宫的巴格达小偷,皇宫包括 1 000 个房间,它们的连接方式是,只有一条路可以从每个房间到达另一个房间(用图论的术语来说,皇宫的平面图是树). 证明:

(a)若皇宫平面图是已知的,则 10 个卫兵可以抓到巴格达小偷.

(b)有可能 5 个卫兵抓不到小偷.

(c)同(a),6 个卫兵可以抓到小偷.

[第 43 页]

9 年级

45.同问题 37.

46.同问题 38.

47.8 个非负实数之和为 1,把它们放在 1 个立方体的各个顶点上.立方体的每条棱都用其端点上的数字之积标注.证明:这 12 个积不大于 $\frac{1}{4}$.

[第 45 页]

48.令 (A_n) 是一个自然数数列,使 $A_1 < 1\ 987$,且对任意自然数 i,$A_i + A_{i+1} = A_{i+2}$.证明:若 $A_1 - A_n$ 与 $A_2 + A_{n-1}$ 可被 1 987 整除,则 n 是奇数.

[第 45 页]

49.同问题 41.

50.同问题 42.

51.我们允许对一叠 $2n+1$ 张卡片做以下两种操作:(a)从这叠卡片最上层取出一些卡片放在底层,并保持它们的顺序.(b)把 n 张上层卡片插入 $n+1$ 张下层卡片之间,并保持它们的顺序.证明:利用允许的操作,卡片的任意初始排列方式允许得出不多于 $2n(2n+1)$ 种不同的排列方式.

[第 45 页]

52.同问题 44.

10 年级

53.同问题 37.

54.连续函数 $f,g:[0,1] \to [0,1]$ 满足以下条件:对所有 $x \in [0,1]$,$f(g(x)) = g(f(x))$.已知 f 是增函数,证明:存在 $a \in [0,1]$,使 $f(a) = g(a) = a$.

[第 46 页]

55.同问题 47.

56.令 $x_1,x_2,x_3,\cdots$ 是一个数列,对此数列有一个自然数 T,使得存在不多于形如 $(x_{k+1},x_{k+2},\cdots,x_{k+T})$ 的 T 个不同的有序 T 元数组.证明:数列 (x_n) 是周期数列.

[第 46 页]

57.圆内接四边形 $ABCD$ 的两条对角线相交于点 O.证明不等式

$$\frac{AB}{CD} + \frac{CD}{AB} + \frac{BC}{AD} + \frac{AD}{BC}$$
$$\leqslant \frac{OA}{OC} + \frac{OC}{OA} + \frac{OB}{OD} + \frac{OD}{OB}$$

[第 46 页]

58.同问题 42.

59. 同问题 51.

60. 给定集合 $\{1,2,\cdots,M\}$ 的 s 个子集,它们分别包含 $a_1,a_2,\cdots,a_s$ 个元素.已知这些子集中没有一个子集包含另一个子集.证明

$$\binom{M}{a_1}+\binom{M}{a_2}+\cdots+\binom{M}{a_s}\leqslant 1$$

其中 $\dbinom{M}{a_i}=\dfrac{M!}{a_i!\,(M-a_i)!}$ 是二项式系数.

[第 47 页]

2 第54届奥林匹克(1988)

主要阶段

5 年级

1. 在 3×3 的表格中的每个方格都写上 0. 可以任意选取一个 2×2 的子表格,使其中所有方格的数都增加 1. 证明:利用这些运算,不能得到图 2.1 所示的表格.

4	9	5
10	18	12
6	13	7

图 2.1

2. 一个游戏的领导者与 30 个参与者每人以任意次序写出从 1 到 30 的数. 然后领导者比较这些数列,如果相同的数出现在领导者数列与参与者数列的相同位置,那么该参与者就会得到一张王牌. 证明:至少有 1 个参与者的数列与领导者的数列相同.

[第 49 页]

3. 能否把自然数 $1, 2, \cdots, 100$ 写成一行,使任意 2 个相邻数之间的差不小于 50?

[第 49 页]

4. 是否存在非零整数 A, B,使其中一个数可被它们之和整除,另一个数可被它们之差整除?

[第 49 页]

5. 一堆石头摆在桌子上,这堆石头有 1 001 块. 游戏的第一步是选择任意一个含有超过一块石头的堆,移走其中一块石头,并将任意现有的堆分成 2 个非空(不一定相等)的堆. 经过若干次这样的移动后,能否使所有剩下的堆都恰好有 3 块石头?

[第 49 页]

6. 一个城堡由 64 个相同的正方形房间组成,每个房间的每面墙上都有一扇门,并且房间被排列成一个 8×8 的正方形. 房间里所有的地板都是白色的. 每天,油漆匠穿过城堡,重新粉刷他经过的所有地板,使白色变成黑色,反之亦然. 他这样做能否在几天后使城堡所有地板的颜色与国际象棋棋盘一样?

[第 49 页]

6 年级

7. 同问题 3.

8. 同问题 1.

9. 自然数 a,b,c,d 都能被自然数 $ab-cd$ 整除. 证明：$ab-cd=1$.

[第 49 页]

10. 证明：不能画出这样的星形(图 2.2)，使不等式 $AB<BC$，$CD<DE$，$EF<FG$，$GH<HI$ 与 $IK<KA$ 成立.

[第 49 页]

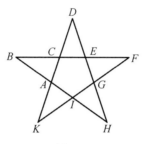

图 2.2

11. 有 25 个人围坐在一张桌旁，每人有 2 张卡片，数 $1,2,\cdots,25$ 写在每张卡片上. 每个数恰好出现在 2 张卡片上. 在一个信号下，每个人把他的 1 张卡片(写有最小数的那张卡片)传递给他右边的人，证明：其中 1 个人迟早会有 2 张写有相同数字的卡片.

[第 49 页]

12. 给定一堆火柴，这堆火柴有 500 根，2 个玩家玩以下游戏：在一个回合中，每人可以从这堆火柴中取出 $1,2,4,8,\cdots$(2 的任意幂)根火柴. 不能取出火柴的人就输了，假设 2 个玩家都采取最佳策略，谁将赢得这场游戏？

[第 50 页]

7 年级

13. 设 x,y 为实数，且 $0\leqslant x\leqslant1,0\leqslant y\leqslant1$，证明：$\dfrac{x}{1+y}+\dfrac{y}{1+x}\leqslant1$.

[第 50 页]

14. 在锐角 $\triangle ABC$ 中作出中线 BM、高 AH 和角平分线 CK. 已知 AH 与 BM 相交于点 L，AH 与 CK 相交于点 N，BM 与 CK 相交于点 P. 点 L,N,P 是不同的. 证明：$\triangle LNP$ 不能是等边三角形.

[第 50 页]

15. 同问题 9.

16. 同问题 11.

17. 同问题 10.

18. 一张正方形图纸的每条边上有 21 个方格. 这些方格的所有顶点都被涂成了红色

或蓝色.已知这张图纸的上边和右边的所有顶点(除了下边的顶点)都被涂成了红色.这张图纸所有其他的顶点都被涂成了蓝色.证明:存在 1 个方格,它的各顶点是这样涂色的,使它恰有 2 个顶点是红色的,且这些红色点是这个方格一边的端点.

[第 50 页]

8 年级

19.已知 $abc=1, a+b+c=\dfrac{1}{a}+\dfrac{1}{b}+\dfrac{1}{c}$.证明:这些实数中的一个数等于 1.

[第 51 页]

20.给定锐角 $\triangle ABC$,其中 $\angle BAC=30°$.作出高 BB_1 与 CC_1,B_2 与 C_2 分别是 AC 和 AB 的中点.证明线段 $B_1C_2 \perp B_2C_1$.

[第 51 页]

21.求 1 个具有非零数字的 100 位自然数,使它可以被它的数字和整除.

[第 51 页]

22.有一堆有色砖头,这堆砖头有 N 块,从这堆砖头的底层取出一些砖头放在顶层,并保持它们的顺序.然后,必须翻转这堆砖头.证明:利用这样的操作,可以得出这堆砖头中的不同排列数不大于 $2N$.

[第 51 页]

23.共有 119 个居民住在一间有 120 个房间的住宅中.若至少有 15 人住在一个房间里,则称这个房间人口过多.每天,人口过多的房间里的居民会发生争吵,要去住宅里的其他房间.这个过程总有一天将结束,对吗?

[第 51 页]

24.本题分两部分:

(a)已知 $x, y, z \geq 0, x+y+z=\dfrac{1}{2}$,证明

$$\frac{1-x}{1+x} \cdot \frac{1-y}{1+y} \cdot \frac{1-z}{1+z} \geq \frac{1}{3}$$

(b)已知 $x_1, x_2, \cdots, x_n \geq 0, x_1+x_2+\cdots+x_n=\dfrac{1}{2}$.证明

$$\frac{1-x_1}{1+x_1} \cdot \frac{1-x_2}{1+x_2} \cdot \cdots \cdot \frac{1-x_n}{1+x_n} \geq \frac{1}{3}$$

[第 52 页]

9 年级

25.求联立方程组

$$\begin{cases} ab+cd=-1 \\ ac+bd=-1 \\ ad+bc=-1 \end{cases}$$

的所有整数解.

[第 52 页]

26. 在 △ABC 外作出正方形 ABDE 和 BCFG. 证明:若 DG∥AC,则 △ABC 是等腰三角形.

[第 52 页]

27. 已知 a<b<c. 证明:方程

$$\frac{1}{x-a}+\frac{1}{x-b}+\frac{1}{x-c}=0$$

恰有 2 个根 x_1 与 x_2 且这 2 个根满足不等式 $a<x_1<b<x_2<c$.

[第 52 页]

28. 对 n=2 与 n=4,同问题 24(b).

29. 自然数 a,b,c 具有如下性质:a^3 可被 b 整除,b^3 可被 c 整除,c^3 可被 a 整除. 证明:$(a+b+c)^{13}$ 可被 abc 整除.

[第 53 页]

30. 若一个平行六面体的所有体对角线都相等. 证明:这个平行六面体是矩形.

[第 53 页]

10 年级

31. 对 n=2,同问题 24(b).

32. 同问题 20.

33. 同问题 29.

34. 将函数 f(x) 与 g(x) 定义在实轴上,使它们满足以下条件:对任意实数 x,y,f(x+g(y))=2x+y+5. 求函数 g(x+f(y)) 的显式表达式.

[第 53 页]

35. 能否把 100 个连续自然数放在圆周上,使每 2 个相邻数之积是完全平方数?

[第 53 页]

36. 已知,若棱锥的底面是正六边形,棱锥的顶点在底面中心的正上方,且棱锥的外接球球心在内切球球面上. 求这 2 个球的半径之比.

[第 54 页]

淘汰阶段

8 年级

37. 直线 AC 包含锐角 △ABC 的一边,AC 关于轴 AB 和 BC 进行轴对称反射,所得的 2 条直线相交于点 K. 证明:BK 通过 △ABC 的外接圆圆心.

[第 54 页]

38. 在区间[0,1]内选出实数 x_1,x_2,x_3,x_4,x_5,x_6. 证明

$$(x_1-x_2)(x_2-x_3)(x_3-x_4)(x_4-x_5)(x_5-x_6)(x_6-x_1)\leqslant\frac{1}{16}$$

[第 55 页]

39. 求 2 个互质的 4 位自然数 A,B,使得对于自然数 m,n,有 $|A^m-B^n|\geqslant 4\,000$.

[第 55 页]

40. 有 N 个城镇由 $2N-1$ 条单行道连接起来. 我们可以从任意 1 个城镇到达任意其他城镇. 证明:存在一条且保持以上条件的封闭的道路.

[第 55 页]

41. 在底边为 AD,BC 的梯形 $ABCD$ 的边 AB 与 CD 上分别取点 K 和 L. 证明:若 $\angle BAL=\angle CDK$,则 $\angle BLA=\angle CKD$.

[第 57 页]

42. 桌子上有两堆火柴,分别有 100 根和 252 根. 两位玩家参与以下游戏:每个玩家轮流从一堆火柴中取出一些火柴,使得取出的火柴数是另一堆火柴数量的因数,取到最后一根火柴的玩家获胜. 如果两位玩家都完美地进行游戏,谁会赢呢?

[第 57 页]

43. 0 与 1 组成的任意有限数列称为 1 个字. 连续重复 1 个字 3 次产生的字称为三重字. 例如,重复 3 次 01 得出三重字 010101.

1 个字可以把 1 个三重字插入该字的任意位置(包括它的开头或结尾)来加以变换,或者从该字内的任意位置删去 1 个三重字来加以变换.

请问,能否用这些变换把字 01 变为字 10?

[第 57 页]

44. 巴伦·蒙克豪森男爵声称他的果园中的梨树和苹果树是按照以下条件来种植的. 在以任意苹果树为中心,半径为 10 m 的圆上,正好有十棵梨树. 同时,他补充说,果园中的苹果树比梨树多. 这可能是真的吗?

[第 57 页]

9 年级

45. 同问题 37.

46. 在一个国际象棋棋盘上放置了几个兵. 每一秒钟,其中一个兵移动到相邻的空格(沿着垂直或水平方向). 经过几次这样的移动后,发现每个兵都回到了它的初始方格,并且通过了棋盘上的所有其他方格,每个方格只经过一次. 证明:在某一时刻,这些兵中没有一个站在它的初始方格上.

[第 58 页]

47. 令 a,b,c,d 是正实数. 证明

$$\frac{1}{a}+\frac{1}{b}+\frac{4}{c}+\frac{16}{d}\geqslant\frac{64}{a+b+c+d}$$

[第 58 页]

48. 在福明斯克镇,每条街道连接两个十字路口,并且已知该镇的所有街道都是单向

通行的.市长宣布了一个设计加油站网络的竞赛,该网络必须满足以下 2 个条件:从任意一个十字路口出发都可以到达一个加油站;从网络中任意一个站点出发都无法到达其他加油站.证明:所有参赛设计都建议建造相同数量的加油站.

[第 59 页]

49. 在正方形 $ABCD$ 的边 AB 和 CD 上分别取点 M 和 N. 点 P 是线段 CM 与 BN 的交点,点 Q 是线段 AN 与 MD 的交点. 证明: $PQ \geqslant \dfrac{AB}{2}$.

[第 59 页]

50. 自然数 $a_1, a_2, \cdots$ 都不大于 1 988,组成满足以下条件的数列:若 m, n 是正整数,则 $a_m + a_n$ 可被 a_{m+n} 整除. 证明:这个数列是周期数列.

[第 59 页]

51. 同问题 43.

52. 同问题 44.

10 年级

53. 一只蜗牛在平面上爬行,每爬行一米后转 $90°$. 如果这只蜗牛爬行了 300 米,左转了 99 次,右转了 200 次,那么它的最终位置与初始位置之间的最大可能距离是多少?

[第 59 页]

54. 函数 $F: \mathbf{R} \to \mathbf{R}$ 是连续的,且对所有实数 x, $F(x) \cdot F(F(x)) = 1$. 已知 $f(1\,000) = 999$,求 $F(500)$.

[第 60 页]

55. 同问题 39.

56. 同问题 40.

57. 在锐角 $\triangle ABC$ 的边 AB 和 AC 上分别取点 M 和 N. 直径为 BN 和 CM 的 2 个圆相交于点 P 和 Q. 证明: P, Q 与垂心 H(三角形 3 条高的交点)共线.

[第 60 页]

58. 给定具有实系数的多项式 $P(x)$. 证明:若对每个实数 x, $P(x) - P'(x) - P''(x) + P'''(x) \geqslant 0$,则 $P(x)$ 本身总是非负的.

[第 60 页]

59. 同问题 43.

60. 在平面上作一个凸 n 边形. 它的第 k 条边的长为 a_k,整个多边形在包含第 k 条边的直线上的投影长为 $d_k (k = 1, 2, \cdots, n)$. 证明

$$2 < \frac{a_1}{d_1} + \frac{a_2}{d_2} + \cdots + \frac{a_n}{d_n} \leqslant 4$$

[第 61 页]

3 第 55 届奥林匹克（1989）

主要阶段

5 年级

1. 评审团编写了 5,6,7,8,9,10 年级奥林匹克问题清单. 评审团成员决定, 每个年级的问题清单包含 7 个问题, 使其中恰有 4 个问题不出现在任意其他年级的问题清单中. 则在奥林匹克中包含的不同问题的最大数量是多少?

［第 63 页］

2. 一张电车票上有 6 位数（从 000000 到 999999）. 若它的前 3 个数字之和等于后 3 个数字之和, 则称这张电车票为幸运电车票. 证明: 幸运电车票的数量等于 6 个数字和为 27 的电车票数量.

［第 63 页］

3. 模范铁路的轨道由 2 种类型（1 型与 2 型）的几个部件组成（图 3.1）. 只能这样装配轨道, 使所有截面上的箭头方向与火车行驶方向相同. 已知, 正规的闭合轨道是用现成的部件装配的. 证明: 若把 1 型部件变为 2 型部件, 则不能装配成正规的闭合轨道.

［第 63 页］

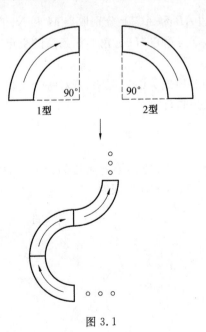

图 3.1

4. 给定 32 块不同重量的石头,证明:在天平上称重 35 次就足以确定最重的石头以及第二重的石头.

[第 63 页]

5. 把一个 6 位数写在另一个 6 位数的后面组成 12 位数,这个 12 位数可被这 2 个 6 位数的积整除. 求这 2 个 6 位数.

[第 64 页]

6. 2 个人在 10×10 的棋盘上玩游戏. 他们轮流在棋盘的任意空方格上写加号或减号. 如果他们写完后,在水平线、垂直线或对角线上 3 个连续的方格中包含相同符号,则这个人获胜. 其中一个人能确定自己会赢吗?若能的话,则是第 1 个写符号的人还是另一个人能确定胜利?

[第 64 页]

6 年级

7. 评审团编写了 6,7,8,9,10 年级奥林匹克问题清单. 评审团成员决定每个年级的清单包含 7 个问题,使其中恰有 4 个问题不出现在任意其他年级的问题清单中. 则包含在奥林匹克中的不同问题的最大题数是多少?

[第 64 页]

8. 在给定的凸五边形中,对角线 BE 和 BD 分别与对角线 AC 相交于点 K 和 M. 证明:若 $AE=EK=KB$,$AK=MC$,则 $EM=BC$.

[第 64 页]

9. 给定 64 块重量不同的石头,证明:在天平上称重 68 次就足以确定最重的石头以及第二重的石头.

[第 64 页]

10. 求整数 a,b,c 的所有三数组,使 $a^2+2b^2-2bc=100$,$2ab-c^2=100$.

[第 64 页]

11. 现有正 101 边形的 99 份复印件,每份复印件各个顶点按顺时针方向标有数字 1,2,…,101(图 3.2). 能否把这些多边形放进一个 101 棱柱,使得棱柱任意侧棱上各数之和相等?(允许翻转复印件,即把计数方向变为逆时针方向.)

[第 64 页]

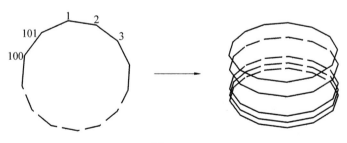

图 3.2

12. 试求大于 1 的最小自然数,使这个自然数至少是它的任意一个素因子的 600 倍.

[第 65 页]

13. 把一些非零数(但不小于2)写在黑板上. 可以擦掉任意两个数 A,B, 然后写上数 $A+B/2$ 与 $B-A/2$ 代替它们. 证明: 在任意一个数做完上述运算后, 黑板上数的集合不可能与开始时数的集合相同.

[第65页]

7 年级

14. 有 K 个物理学家和 K 个化学家围坐在桌旁聚会. 其中一些人常说真话, 另一些人常说谎话. 已知, 在物理学家和化学家中, 说谎话的人数相同. 当问: "你右边相邻的人是什么人?"时, 每个人都回答说: "化学家". 证明 K 是偶数.

[第65页]

15. 四边形 $ABCD$ 的对角线 AC 与 BD 相交于点 O. 证明: 若 $AB=OD$, $AD=CD$, $\angle BAC=\angle BDA$, 则四边形 $ABCD$ 是梯形.

[第65页]

16. 实数 X,Y,Z 满足不等式 $X+Y+Z\geqslant XYZ$. 证明 $X^2+Y^2+Z^2\geqslant XYZ$.

[第65页]

17. 同问题5.

18. 杰克·伦敦的著作共有 8 卷(第 1 卷, ……, 第 8 卷). 保罗到书架整理这些书, 每分钟交换相邻的 2 卷书. 保罗这样做, 最后能否得到各卷书所有可能的排列, 且每卷书恰好只交换一次?

[第65页]

19. 一个棋子被放在 11×11 的棋盘的中央方格上. 2 个人连续移动这个棋子到任意其他方格, 但是每次移动(从第 2 次移动开始)必须比前一步移动得更长. 不能这样做的人就输了, 谁会在这个正确的游戏中获胜呢?

[第65页]

20. 是否存在一个包含了 100 个不同自然数的集合, 使其中任意 5 个数之积可被它们之和整除?

[第65页]

8 年级

21. 证明方程组

$$\begin{cases} x+y+z=0 \\ \dfrac{1}{x}+\dfrac{1}{y}+\dfrac{1}{z}=0 \end{cases}$$

没有实数解.

[第66页]

22. 令 A 是大于 1 的自然数, B 是自然数, 且是 A^2+1 的因数. 证明: 若 $B-A>0$, 则 $B-A>\sqrt{A}$.

[第66页]

23. 凸四边形 $ABCD$ 的对角线 AC 与 BD 相交于点 O. 点 K,L,M,N 分别在 AB, BC,CD,DA 上,因此,O 是线段 KM 与 LN 的中点. 证明:四边形 $ABCD$ 是平行四边形.

[第 66 页]

24. 在无限大的方格纸上,放置了一组兵,这组兵有 M 个. 定义兵的重量为其所在行的兵的数量乘以其所在列的兵的数量. 证明:重量不小于 $10M$ 的兵的数量不超过 $M/10$.

[第 66 页]

25. 在一次国际象棋比赛结束后,发现每对选手都恰好对弈了 k 次,并且棋手们的得分是一个公比大于 1 的等差数列(注意:获胜者得 1 分,平局得 1/2 分). 如果(a)$k=$ 1 989,(b)$k=1$ 988,那么有多少位选手参加了比赛?

[第 66 页]

26. 在平面的一般位置上作出 K 条直线(其中没有 3 条相交于一点,没有 2 条互相平行). 对于怎样的 K 值,总能(无论怎样作出直线)用集合 $\{1,2,\cdots,K-1\}$ 中的数字标记给定直线的所有交点,使得每条直线都被 $K-1$ 个不同的数标记?

[第 66 页]

9 年级

27. 同问题 21.

28. 在 $\triangle ABC$ 的边 AC 上取点 X. 证明:若 $\triangle ABX$ 与 $\triangle BCX$ 的 2 个内切圆相切,则 X 在 $\triangle ABC$ 的内切圆上.

[第 66 页]

29. 同问题 22.

30. 封闭的 5 段折线构成一个等角的星形,如图 3.3 所示. 若折线段的长等于 1,求内五边形 $ABCDE$ 的周长.

[第 67 页]

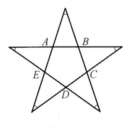

图 3.3

31. 能否把数 $+1,0,-1$ 放在 10×10 的正方形表格上,使表格各行、各列上所有 20 个和均不同?

[第 67 页]

32. 同问题 25.

9 年级——专门学校(书面问题)

33. 同问题 21.

34. 一个圆的弦 XK 和 XM 平分直径 AB. 证明 $5KM \leqslant 3AB$.

〔第 67 页〕

35. 同问题 25.

36. 同问题 30.

37. 运算"$*$"定义在 2 个自然数上,即它使自然数 $x*y$ 与任意 2 个自然数 x, y 有关. 请确定这个运算是否可以同时满足以下 3 个性质:

(a)$a*b = |a-b| * (a+b)$.

(b)$(ac)*(bc) = (a*b)(c*c)$.

(c)$(2n+1)*(2n+1) = 2n+1$.

〔第 68 页〕

10 年级

38. 证明:数 $(b-c)(bc-a^2)$,$(c-a)(ca-b^2)$ 与 $(a-b)(ab-c^2)$ 不能同时是正数.

〔第 68 页〕

39. 同问题 28.

40. 简述满足以下性质的平面上具有坐标 (x, y) 的点集:可以求出 2 个非负数 A 与 B,使 $\max\{A^2, B\} = x$,$\min\{B^2, A\} = y$.

〔第 68 页〕

41. 给定棱锥的底面是正 n 边形. 证明:若这个棱锥顶点上的所有平面角相等,则这个棱锥有 2 个全等的侧面.

〔第 68 页〕

42. 同问题 25.

10 年级——专门学校(书面问题)

43. 同问题 21.

44. 运算"$*$"定义在 2 个整数上,即它们使整数 $x*y$ 与任意 2 个整数有关. 已知,对于某些整数 B, C,整数 A 等于整数 $B*C$. 证明:这个运算不能同时满足以下 2 个性质:

(a)$A*B = -(B*A)$.

(b)$(A*B)*C = A*(B*C)$.

〔第 68 页〕

45. 同问题 41.

46. 同问题 25.

47. 证明:若方程 $Ax^2 + (C-B)x + (E-D) = 0$ 有大于 1 的实根,则方程 $Ax^4 + Bx^3 + Cx^2 + Dx + E = 0$ 至少有 1 个实根.

〔第 69 页〕

淘汰阶段

8 年级

48.在 $\triangle ABC$ 内取点 M,使 $\angle BMC = 90° + (\angle BAC/2)$,且直线 AM 包含 $\triangle BMC$ 的外心.证明:M 是 $\triangle ABC$ 的内心.

[第 69 页]

49.给定不同自然数 $A_1, A_2, \cdots, A_n$ 组成的有限集合,满足性质:它们的所有素因数不大于给定的数 N.证明

$$\frac{1}{A_1} + \frac{1}{A_2} + \cdots + \frac{1}{A_n} \leqslant N$$

[第 69 页]

50.给定一个大于 1 的自然数 k,证明:不可能把数 $1, 2, \cdots, k^2$ 放在 $k \times k$ 棋盘的各方格上,使各行与各列中的所有和都是 2 的自然数幂.

[第 70 页]

51. 在一个 10×10 的棋盘上放置了 91 个白色的兵.朱迪逐个地将这些兵重新涂成黑色,并将每个重新涂色的兵放在棋盘上的任意空格上.证明:最终会有两个不同颜色的兵占据具有共同边的两个方格.

[第 70 页]

52.一个边长分别为 1,4,7,8 的四边形的最大面积可能是多少?

[第 70 页]

53. 两个人玩一个游戏.一开始,在黑板上写下数字 2.每个玩家轮流将当前数字 N 变成 $N + d$,其中 d 是 N 的因子之一且 $d < N$.当一个人必须写下大于 19 891 989 的数字时,就会输掉游戏.如果两个人都玩得非常完美,谁会赢呢?

[第 70 页]

54. 在特卢拉拉部落的语言中,一个词是由 10 个二进制数字(每个数字是 0 或 1)组成的任意序列.如果一个词可以通过执行以下类型的多个操作之一从另一个词得到,则它们被称为同义词(具有相同的含义):在一个词中选择一些连续的数字,使它们的和为偶数,并将它们反转,即颠倒选择的数字的顺序.能够写出的具有不同含义的该部落的词的最大数量是多少?

[第 71 页]

55.史密斯教授站在有镜墙的正方形大厅里.琼斯教授打算安排一些学生在这个大厅里,以便史密斯教授看不见自己的反射影像.琼斯教授能够达到他的目的吗?(把史密斯教授与学生们看成点;学生们可以靠墙及在墙角站着.)

[第 71 页]

9 年级

56.同问题 48.

57. 7 个数字的所有可能数列一个接一个地以任意顺序写成一行,构成 70 000 000 位数.证明:这个数可被 239 整除.

[第 72 页]

58. 数字三角形的第 1 行由 N 个 1 组成,第 2 行由 $N-1$ 个任意整数组成.已知任意 4 个数组成以下形式

$$b$$
$$a \quad c$$
$$d$$

(a 与 c 是同一行中的相邻数),用关系式 $ac = bd + 1$ 相联系(见图 3.4 中这种三角形的例子).证明:若这个三角形不包含 0,则它完全由各整数组成.

[第 72 页]

```
1   1   1   1   1   1
  2   1   3   5   2
    1   2  14   9
      1   9  25
        4  16
          7
```

图 3.4

59. 同问题 51.

60. 给定区间 $[0,1]$ 中的实数 X, Y, Z,证明

$$2(X^3 + Y^3 + Z^3) - (X^2Y + Y^2Z + Z^2X) \leqslant 3$$

[第 72 页]

61. 在 $\triangle ABC$ 的边 AB 和 BC 上分别取点 M 和 N,使 $AM + AN = CM + CN$.线段 CM 与 AN 相交于点 O.证明:$AO + AB = CO + CB$.

[第 72 页]

62. 实数数列 $a_1, a_2, a_3, \cdots$ 具有性质:对任意自然数 k,$a_{k+1} = (ka_k + 1)/(k - a_k)$.证明:这个数列包含无穷多项正项与无穷多项负项.

[第 74 页]

63. 对怎样的自然数 k,可以在一个圆上选取出 100 条弧,使每条弧恰好与 k 条其他弧相交?

[第 75 页]

64. 证明:若问题 58 中的三角形由自然数组成,则它包含不少于 $N/4$ 个不同数.

[第 76 页]

10 年级

65. 同问题 48.
66. 同问题 49.
67. 同问题 58.

68. 以下方程

$$\sin(\sin(\sin(\sin(\sin x)))) = \frac{x}{3}$$

有多少个实数解?

[第 77 页]

69. 同问题 52.

70. FN−89 型计算器只能做 2 种运算:(a)把给定的 x 变为 $2x-1$.(b)把给定的数乘以 2.证明:利用这个计算器,可以把任意给定的自然数变为另一个数,后者是一个自然数的完全 5 次幂.

[第 77 页]

71. 实数数列 $a_1, a_2, a_3, \cdots$ 有如下性质:对所有的 m, n,$|a_m + a_n - a_{m+n}| \leqslant 1/(m+n)$.证明这个数列是等差数列.

[第 77 页]

72. 两个人玩一个游戏.给定一堆 1 000 根火柴,每个人轮流从火柴堆中拿出或放入 1,2,3,4 或 5 根火柴(在游戏开始时,这两个人都没有火柴),然后他必须在黑板上写下他移动后火柴堆中火柴的数量.写出黑板上已有数字的人将输掉游戏.假设两人都采取最佳策略,那么谁将赢得这个游戏?

[第 78 页]

73. 同问题 64.

4 第56届奥林匹克(1990)

主要阶段

6 年级

1. 保拉买了一本有 96 页的笔记本,并按顺序从 1 到 192 编号了每一页.尼克随机地抽出 25 页,并将上面写的 50 个数字相加.证明这个和不能等于 1 990.

［第 79 页］

2. 给定一组 101 枚硬币,其中一枚硬币是假币,另外 100 枚硬币(真币)有相同重量.但不知道假币比真币是重还是轻.如何在天平上称重 2 次来解决这个问题?假币不必与真币分开.

［第 79 页］

3. 能否把一个 39×55 的矩形切割成 5×11 的矩形?

［第 79 页］

4. 汤姆与杰瑞玩游戏,汤姆先开始,他们可以轮流减少给定自然数 N 的任意一个非零数.开始时 $N=1\ 234$.得出 0 的人获胜.那么在正确的游戏中谁会获胜?

［第 79 页］

5. 安娜、桑迪和戴比一起解答课本中的 100 个问题,使每个人恰好解答 60 个问题,把只有一个学生解答出来的问题称为困难问题,把全部学生都解答出来的问题称为容易问题.证明:困难问题的数量比容易问题的数量多 20 个.

［第 79 页］

6. 有许多男孩和女孩住在马奇斯基诺村.对于每个男孩,他的所有女性熟人都彼此相识.此外,在任意一个女孩的熟人中,男孩数大于女孩数.证明:这个村中的女孩数不大于男孩数.

［第 79 页］

7 年级

7. 约翰和玛丽住在摩天楼里,每个楼层有 10 个房间.约翰住的层数与马丽的房间号码相同,他们的房间号码之和是 239.求约翰的房间号码.

［第 79 页］

8. 一排有 30 个空椅子.不时有人来坐在其中一个椅子上.同时,他的邻居(如果有的话)就会站起来离开.这些椅子上同时能坐下的人数的最大可能值是多少?

［第 79 页］

9. 在计算机屏幕上显示出了数 123. 每分钟屏幕上的数增加 102. 程序员泰迪可以随时改变屏幕上的数,把它重新排列成他喜欢的数字. 他能否设法安排,使屏幕上的数始终有 3 个数字?

[第 79 页]

10. 在四边形 $ABCD$ 中, $BC=AD$, 且 M,N 分别是 AD 和 BC 的中点. 已知 AB 与 CD 的垂直平分线相交于点 P. 证明: P 也在 MN 的垂直平分线上.

[第 79 页]

11. 用一些矩形平铺边长为 2 的正方形. 证明: 可以覆盖这些矩形中的某个矩形,使被盖区域在正方形一条边上的投影长不小于 1, 在正方形另一条边上的投影长不大于 1.

[第 80 页]

12. 同问题 6.

13. 把数 $+1$ 与 -1 写在 50×50 的表格中,使它们的和的绝对值不大于 100. 证明: 可以找到一些 25×25 的小表格,使其中各数的和的绝对值不大于 25.

[第 80 页]

8 年级

14. 保拉买了一本有 96 页的笔记本,并按顺序从 1 到 192 编号了每一页. 尼克随机地抽出 24 页,并将上面写的 48 个数字相加. 这个和能等于 1 990 吗?

[第 80 页]

15. 同问题 10.

16. 求所有的正整数三数组 (A,B,C), 使 $A^2+B-C=100$, $A+B^2-C=124$.

[第 80 页]

17. 法兰城的 101 个镇中任意 2 个镇用不多于一条单行道连接起来. 已知恰有 40 条道路进入每个镇,恰有 40 条道路离开每个镇. 证明: 一个人可以乘车经过不多于 2 个镇从任意一个镇到达另一个镇.

[第 81 页]

18. 给定 103 枚看来很像的硬币. 2 个重量相等的硬币是仿制品(假币). 另外 101 枚真币的重量相同,但是假币与真币的重量不同. 目前尚不清楚真币与假币哪个比较重. 如何在天平上称重 3 次来解决这个问题? 假币不必与真币分开.

[第 81 页]

19. 霍美斯岛上住着骑士和无赖. 骑士们总说真话,无赖们总说假话. 一天,岛上每个居民做了以下 2 个陈述:"我的所有熟人都互相认识"和"在我的所有熟人中,骑士人数不多于无赖人数."证明: 该岛上无赖人数不多于骑士人数.

[第 81 页]

20. 求正整数对 (n,m) 的个数,其中 m 与 n 都不大于 1 000, 使得 $m/(n+1)<\sqrt{2}<(m+1)/n(\sqrt{2}=1.414\ 213\cdots)$.

[第 81 页]

9 年级

21.给定 2 个自然数 X,Y，则 $X!+Y!$ 的最后 4 位数能否是 1990？

[第 82 页]

22.是否存在一个具有整数边长与一条中线长为 1 的三角形？

[第 82 页]

23.证明：由自然数组成的每个等差数列包含 2 项，使它们的各个数字之和相等.

[第 82 页]

24.在含有直角 $\angle ABC$ 的四边形 $ABCD$ 中，对角线 AC 是 $\angle BAD$ 的平分线，$AC=AD$. 作出 $\triangle ADC$ 的高 DH. 证明 BH 交 CD 于它的中点.

[第 82 页]

25.若 A,B,C 是实数，且 $0 \leqslant A,B,C \leqslant 1$. 证明

$$\frac{A}{1+BC}+\frac{B}{1+AC}+\frac{C}{1+AB} \leqslant 2$$

[第 82 页]

26.同问题 37(a)(b).

10 和 11 年级

27.求下列方程组的所有解

$$\begin{cases} A^2+B^2=6C \\ B^2+C^2=6A \\ C^2+A^2=6B \end{cases}$$

[第 83 页]

28.$\triangle ABC$ 的内切圆与 AB 相切于点 D，且 $AD=5, DB=3$. 若 $\angle A=60°$，求 BC 的长.

[第 83 页]

29.同问题 23.

30.同问题 22.

31.给定 4 个不同的自然数. 证明：它们乘积的 2 倍大于这些数两两乘积之和.

[第 83 页]

32.现有边长为 1,2,4,8,16,… 的各个正方形，能否利用每个正方形(a)10 次，(b)1 次，来铺平平面？

[第 83 页]

10 年级——专门学校(书面问题)

33.是否存在用数字 1,2,3,4,5,6 无重复地写出的 6 位数，且这个 6 位数可被 11 整除？

[第 84 页]

34.同问题 24.

35.给定含整数系数的多项式 $F(x)$,使 $F(2)$ 可被 5 整除,且 $F(5)$ 可被 2 整除.证明: $F(7)$ 可被 10 整除.

[第 84 页]

36.同问题 25.

37.一个 10×10 的棋盘被 N 个 2×2 正方形完全覆盖,这些正方形的顶点在棋盘的格点上.证明:可以删去这些正方形中的 1 个,使得在(a) $N=55$;(b) $N=45$ 时,棋盘仍然被覆盖;(c)求使以上命题成立的 N 的最小值.

[第 84 页]

11 年级——专门学校(书面问题)

38.同问题 33.

39.同问题 24.

40.同问题 35.

41.正实数 X 满足方程 $X^n = X^{n-1} + X^{n-2} + \cdots + X + 1$.证明 $2 > X > 2 - 1/n$.

[第 84 页]

42.证明:可以用具有整数棱长的正八面体与正四面体来铺满一块空地,使其中没有 10 个立体有相等的棱长.

[第 85 页]

淘汰阶段

9 年级

43.若对某些自然数 $A, B, B^2 + BA + 1$ 整除 $A^2 + AB + 1$,证明 $A = B$.

[第 85 页]

44.一些线段在一条大线段内,且覆盖它.证明:它们的左半部分至少覆盖了大线段的一半(所谓线段指的是实数直线上的闭区间 $[a, b]$).

[第 85 页]

45.令 $ABCD$ 是正方形,P 是边 BC 上的点.通过 A, B, P 的圆与 BD 再次相交于点 Q,通过 C, P, Q 的圆与 BD 再次相交于点 R.证明: A, R, P 共线.

[第 86 页]

46.构成 $\{1, 2, \cdots, N\}$ 的所有子集不包含 2 个连续数.求每个子集中各个元素之积.证明这些积的平方和等于 $(N+1)! - 1$.

[第 86 页]

47.给定的圆内接四边形 $ABCD$ 的各个顶点在网格的交点上(每个方格的边长等于 1).已知 $ABCD$ 不是梯形.证明: $|AC \cdot AD - BC \cdot BD| \geq 1$.

[第 86 页]

48. AB 地区包含 2 个州 A 与 B,该地区的每条道路把不同州的 2 个镇连接起来.已知没有 1 个镇与多于 10 个其他镇相连.证明:可以用 10 种颜色为 AB 地区所有的道路涂色,使得没有 2 条相邻的道路有相同的颜色.若 2 条道路离开同一个镇,则称它们是相邻的.

[第 86 页]

49. 要为只有 p 或 q 人参加的晚宴准备蛋糕(p 与 q 是给定的互质整数).求必须提前切成的最小蛋糕块数(每块不需要相同),使得在任何情形下都可以平均分配.

[第 87 页]

50. 将 20 个数写在圆上,我们可以把 3 个连续数的三元数组 X, Y, Z 变为三元数组 $X+Y, -Y, Z+Y$(按相同顺序).利用这些运算,能否把 20 元数组 $[1, 2, \cdots, 9, 10, -1, -2, \cdots, -9, -10]$ 变为 20 元数组 $[10, 9, \cdots, 2, 1, -10, -9, \cdots, -2, -1]$?(按顺时针方向给定各数).

[第 87 页]

10 年级

51. 同问题 43.

52. 同问题 44.

53. 同问题 45.

54. 亚历克斯和莎拉在一个 25×25 的棋盘上玩游戏.亚历克斯先走第一步,每一步都是将未涂色的方块涂上颜色——亚历克斯用白色涂,莎拉只能用黑色涂.当整个棋盘都被涂色后,如果棋王可以通过所有的白色方格(可以多次经过一个方格),那么亚历克斯获胜,反之,亚历克斯失败.在没有错误的游戏中,谁会赢得比赛?

[第 88 页]

55. 给定的四边形 $ABCD$ 的各顶点在网格的交点上(1 个方格的边长等于 1).已知 $\angle A = \angle C$,$\angle B = \angle D$.证明:$|AB \cdot BC - CD \cdot DA| \geqslant 1$.

[第 88 页]

56. 有 100 卷列夫·托尔斯泰的全集杂乱地放在书架上.我们可以任意取出 2 卷,这 2 卷分别为偶数卷和奇数卷,然后交换它们的位置.从任意给定的初始排列,需要多少次这样的交换操作才能得到正确的排列?

[第 89 页]

57. 给定整系数多项式 $F(x)$,使得对每个整数 n,$F(n)$ 的值至少可被给定的数 $a_1, a_2, \cdots, a_m$ 之一整除.证明:可以求出指标 k,使得对每个整数 n,$F(n)$ 可被 a_k 整除.

[第 90 页]

58. 在区间 $[0, 1]$ 上标记了 22 个点.我们可以任意选择其中的 2 个点,比如 A 和 B,将它们都删除,然后标记 AB 的中点.证明:可以通过这样的过程进行 20 次操作,使得剩下的 2 个点之间的距离不大于 0.001.

[第 90 页]

11 年级

59. 给定 2 个自然数 A 与 n,它们都大于 1,令 S 是小于 A^n-1 且与它互质的自然数的个数. 证明: S 可被 n 整除.

[第 90 页]

60. 一些线段在一条大线段内,且覆盖它. 其中每条线段都被分成两半,然后删掉每条线段其中的一半. 证明: 剩下的一半线段所覆盖的长度不小于大线段长度的三分之一(所谓线段指的是实数直线上的闭区间 $[a,b]$).

[第 91 页]

61. 是否存在这样的六边形(不一定是凸六边形),使它的 8 条对角线(不是 9 条)有相同的长度?

[第 91 页]

62. 把一张 100×100 硬纸板的上边与下边黏合,右边与左边黏合. 这样做之后,这张硬纸板看起来像圆饼的表面. 能否把 50 个涂成红色、蓝色和绿色的国际象棋车放在硬纸板上,使每个红色的车攻击不少于 2 个蓝色的车,每个蓝色的车攻击不少于 2 个绿色的车,每个绿色的车攻击不少于 2 个红色的车?

[第 91 页]

63. 作出 $\triangle ABC$ 的角平分线 AF,BG 和 CH. 已知 $\angle A = 120°$. 证明 $\angle GFH$ 是直角.

[第 91 页]

64. 奥林匹亚王国有 100 个城镇,其中每 2 个城镇由 1 条单行道连接. 现已发现,城镇的连通性质(按照行车规则,可以开车从任意城镇到达任意其他城镇)不成立了. 证明: 若国王选择 1 个城镇,把连接这个城镇与另外城镇的所有道路方向改为相反的方向,则国王就解决了这个问题.

[第 92 页]

65. 对所有实数 x,连续函数 $f: \mathbf{R} \rightarrow \mathbf{R}$ 满足方程 $f(x+f(x)) = f(x)$. 证明 f 是常数.

[第 93 页]

66. 把和为正数的一些数写在圆上. 我们可以把连续数 X, Y, Z 变为三元数组 $X+Y$,$-Y$,$Z+Y$(按同一顺序). 证明: 利用这些运算,恰好能得到一个只包含非负数的集合.

[第 94 页]

5 第 57 届奥林匹克 (1991)

主要阶段

6 年级

1. 在技术中心学习的 40 名孩子每人有一些小铁钉、螺钉和螺栓. 已知恰有 15 个孩子有不同数量的小铁钉和螺栓, 10 个孩子有相同数量的螺钉和小铁钉. 证明: 至少有 15 个孩子有不同数量的螺钉和螺栓.

[第 95 页]

2. 在熙璟城证券交易所, 可以把任意 2 股换成其他的 3 股, 反之亦然. 已知约翰在交易中恰有 1 991 股, 他能否把 100 股 F 股换成 100 股 A 股?

[第 95 页]

3. 有 4 辆汽车 A, B, C, D 同时从环形公路上的同一地点出发. 前 2 辆汽车沿着顺时针方向行驶, 另外 2 辆汽车沿着逆时针方向行驶. 所有汽车以固定 (可能不同) 速度前进. 已知 A 与 C 第 1 次相遇的时刻和 B 与 C 第 1 次相遇的时刻相同. 证明: A 第 1 次追上 B 的时刻与 C 第 1 次追上 D 的时刻相同.

[第 95 页]

4. 多年来, 巴伦·门克豪森男爵每天都会去打猎鸭子. 从 1991 年 8 月 1 日开始, 他告诉厨师: "今天我会带回比前天更多的鸭子, 但比一周前少." 男爵可以重复这样说多少天而不被抓住说谎?

[第 95 页]

5. 现有 3 根木棍 (红色、白色和蓝色), 每根长 1 m. 朱莉把第 1 根木棍折成了 3 段, 然后本氏对第 2 根木棍也做了同样的处理, 而朱莉把最后 1 根木棍也折成了 3 段. 无论本氏怎样做, 朱莉能否把这 9 根木棍组成 3 个三角形, 使每个三角形的各边有不同的颜色?

[第 96 页]

6. 有 9 支队伍参加了一场排球比赛 (每对队伍之间只进行一次比赛). 以下的情况一定会发生吗: 存在两支队伍 A 和 B, 使其他任意一支队伍至少输给他们中的一支?

[第 96 页]

7 年级

7. 把数 $1, 2, \cdots, 12$ 放置在图 5.1 中的各条线段上, 使每个小正方形各边上的数字之和相等.

[第 96 页]

图 5.1

8.几个潜水员发现了数量少于 1 000 颗的珍珠.他们以下列方式分配珍珠:每个潜水员轮流从一堆珍珠中恰好拿去一半或三分之一的珍珠.每个潜水员都拿走了他们的份额后,剩下的珍珠被献给了大海.则参加珍珠分配的潜水员最多的人数是多少?

[第 96 页]

9. 总共有 4 个部落(人类、精灵、矮人和侏儒)的 1 991 个代表坐在一张桌子的周围.已知人类永远不会坐在矮人旁边,而精灵永远不会坐在侏儒旁边.证明同一个部落的 2 个代表坐在一起.

[第 97 页]

10. 在凸四边形 $ABCD$ 中,$\angle A=\angle B$,且 $BC=1$,$AD=3$. 证明:CD 的长大于 2.

[第 97 页]

11.考虑以下问题:"给定 N 个数,使其中任意 10 个数之和大于剩下各数之和.证明:所有的数是正数."已知 $N\neq20$,若本题的陈述是正确的,则 N 的值可以是多少? 求所有可能的答案.

[第 97 页]

12.奥兹地区任意 2 个城镇用一条道路连接起来,可以是铁路,也可以是公路.证明:可以选择一定类型的车辆——汽车或火车,以便仅用被选择的车辆从任意一个城镇到达任意其他的城镇,且用这种方式至多参观 2 个城镇.

[第 97 页]

13.把 7×7 正方形切成如下 3 种图形(5.2):

  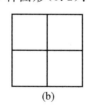 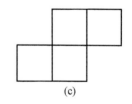

(a) (b) (c)

图 5.2

证明:在这些图形中恰有 1 个图形包含 4 个正方形.

[第 98 页]

8 年级

14.同问题 9.

15.自然数 X 的十进制表示不包含 0,X 满足等式 $X\cdot\overline{X}=1\,000+P(X)$(这里 $\overline{X}$ 表示 1 个数包含与 X 相同的数字,但写成相反顺序,$P(X)$ 是 X 的各个数字之积).求所有这

样的数 X.

[第 98 页]

16. 同问题 5.

17. 在 $\triangle ABC$ 中,作出 $\angle B$ 与 $\angle C$ 的外角平分线的垂线 AX 与 AY,使点 X,Y 在相应的平分线上. 证明:线段 XY 的长等于 $\triangle ABC$ 的半周长.

[第 98 页]

18. 证明等式

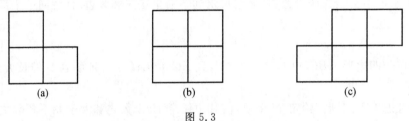

$$\frac{(2^3-1)(3^3-1)\cdots(100^3-1)}{(2^3+1)(3^3+1)\cdots(100^3+1)}=\frac{3\ 367}{5\ 050}$$

[第 98 页]

19. 把 $(2n-1)\times(2n-1)$ 的正方形切割成如下 3 种图形(图 5.3):

(a)　　　　　(b)　　　　　(c)

图 5.3

证明:在这些图形中至少有 $4n-1$ 个(a)型图形.

[第 99 页]

20. 给定的集合 A 包含 10 个不同的实数,用 $A(5)$ 表示 1 个集合,这个集合包含 A 中 5 个不同数的所有可能和. 是否存在 2 个不同的集合 A 与 B,使得集合 $A(5)=B(5)$?

[第 99 页]

9 年级

21. 给定正实数 A,B,C,证明不等式
$$\max(A^2-B,B^2-C,C^2-A)\geqslant\max(A^2-A,B^2-B,C^2-C)$$
这里 $\max(x,y,z)$ 表示集合 $\{x,y,z\}$ 中的最大数.

[第 99 页]

22. 锐角 $\triangle ABC$ 的边 AB 比 BC 长. 点 X,Y 分别在边 AB 和 BC 上,使 $AX=BY$. 证明:$XY\geqslant AC/2$.

[第 99 页]

23. 已知三角形的三边长为整数 x,y,z. 证明:若三角形的一条高的长等于另外两条高的长的和,证明:$x^2+y^2+z^2$ 是一个整数的平方.

[第 100 页]

24. 用下列方法构成一个自然数数列 $\{a_n\}$:含偶数下标的每个数 a_{2n} 是 a_{2n-1} 与 a_{2n-1} 的某个数字之差,且含奇数下标的每个数 a_{2n+1} 是 a_{2n} 与 a_{2n} 的某个数字之和. 证明:数列 $\{a_n\}$ 中的所有数均不大于 $10a_1$.

[第 100 页]

25.已知点 P 在⊙O外,直线 L_1 与 L_2 相交于点 P,直线 L_1 与此圆相切于点 A,直线 L_2 与此圆相交于点 B 和 C.这个圆在点 B 和 C 上的两条切线相交于点 X.证明线段 $AX\perp PO$.

[第100页]

26. 在一次会议上,每个参加者都至少认识另外一个参加者,并且对于任意两个参加者,存在一个参加者与两者都不相识.证明:可以将所有参加者分成三组,以便每个参加者至少认识他(或她)所在组的一个人.

[第101页]

27.把一些整数写在圆上,我们可以做以下运算:删去任意偶数,把它的 2 个相邻数变为它们的和(图5.4).这些运算一直进行到所有的整数变为奇数或圆上的整数个数等于 1 或 2 为止.证明:剩下的整数的个数不依赖于怎样进行这些运算,而是仅依赖于开始的集合及这些数的排列.

[第101页]

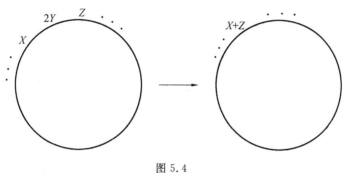

图 5.4

10 年级

28.给定正实数 A,B,C,D,证明不等式
$$\max(A^2-B,B^2-C,C^2-D,D^2-A)\geqslant\max(A^2-A,B^2-B,C^2-C,D^2-D)$$
这里 $\max(x,y,\cdots)$ 表示集合 $\{x,y,\cdots\}$ 中的最大数.

[第102页]

29.已知,⊙O_1 与⊙O_2 相交于点 A 和 B,通过点 O_1,B,O_2 的圆与⊙O_2 相交于点 P.证明:点 O_1,A,P 共线.

[第102页]

30. 在一次会议上,每个参加者都至少认识另外一个参加者,但不认识所有其他参加者.证明:可以将所有参加者分成两组,以便每个参加者至少认识他(或她)所在组的一个人.

[第102页]

31.给定一个连续单调递增函数 f,使 $f(0)=0,f(1)=1$.证明
$$f\left(\frac{1}{10}\right)+f\left(\frac{2}{10}\right)+\cdots+f\left(\frac{9}{10}\right)+f^{-1}\left(\frac{1}{10}\right)+f^{-1}\left(\frac{2}{10}\right)+\cdots+f^{-1}\left(\frac{9}{10}\right)\leqslant\frac{99}{10}$$

[第102页]

32. 用 KPK－1991 型计算机只能做以下 2 种运算：(a)把 1 个已知数平分；(b)从 1 个 n 位数 $X(n>3)$ 得出数 $A+B$，其中 A 是由 X 最后 3 个数字组成的数，B 是由 X 前 $n-3$ 个数字组成的数.请问：能否用这台计算机由数 604 得出数 703？

[第 103 页]

33. 在平面上，作出点 P、直线 L 和 n 边形 M.直线 L 与 M 的所有边相交于一些内点，已知各交点是从 P 到 M 的各边作出的垂线足.证明 $n=4$.

[第 103 页]

34. 已知，$N×N$ 棋盘的各方格被涂成红色、蓝色和绿色，使得至少有一个蓝色方格与每个红色方格相邻，一个绿色方格与每个蓝色方格相邻，一个红色方格与每个绿色方格相邻(2 个方格有一条公共边，就称这 2 个方格相邻).令 R 是红色方格的个数.证明：$N^2/11 \leqslant R \leqslant 2N^2/3$.

[第 104 页]

11 年级

35. 同问题 28.

36. 能否把数 $1,2,\cdots,100$ 分为 3 组，使第 1 组各数之和可被 102 整除，第 2 组各数之和可被 203 整除，第 3 组各数之和可被 304 整除？

[第 104 页]

37. 同问题 25.

38. 用以下方式组成自然数数列 $\{a_n\}$：含偶数下标的每个数是 a_{2n-1} 与 a_{2n-1} 的某个非零数字之差，含奇数下标的每个数是 a_{2n} 与 a_{2n} 的某个非零数字之和.证明：数列 $\{a_n\}$ 的所有数都不大于 $4a_1+44$.

[第 104 页]

39. 是否存在 4 个不同的实数，使得其中任意 2 个数(称为 x,y)可用以下关系式相关联

$$x^{10}+x^9 y+x^8 y^2+\cdots+xy^9+y^{10}=1$$

[第 104 页]

40. 在 $\triangle ABC$ 的边 AB 和 BC 上分别取点 X 和 Y，使 $\angle AXY=2\angle ACB$，$\angle CYX=2\angle BAC$.证明不等式

$$\frac{S(AXYC)}{S(ABC)} \leqslant \frac{AX^2+XY^2+YC^2}{AC^2}$$

其中 S 表示相应图形的面积.

[第 105 页]

41. 在 Tranai 行星上，共有 1 991 个镇，任意 2 个镇用一条公路连接起来，每天建设部选出 3 条公路来维修，运输部在一条开放公路的 1 个方向上禁止通行.已知建设部不会关闭单向道路进行维修.证明：运输部可以采取这样的措施，使每天可以从任意其他镇只以允许方向沿公路行驶而到达任意其他镇.

[第 105 页]

淘汰阶段

9 和 10 年级

42.给定 70 个不大于 200 的不同自然数,证明:存在 2 个数,它们的差等于 4,5 或 9.

[第107页]

43.已知,2 个具有相同半径的圆相交于点 A 和 B.通过点 B 任意作出的一条直线与这 2 个圆分别相交于点 X 和 Y.求线段 XY 的中点的轨迹.

[第107页]

44.自然数 $A_1,A_2,\cdots,A_n$ 满足以下条件:对于小于 n 的任意自然数 k,这个集合中任意 k 个数之和不小于 $k(k-1)$,且所有数之和等于 $n(n-1)$.证明:有 n 队参加的单轮足球锦标赛在各队得分等于 A_i 时结束(获胜的队得 2 分,平局得 1 分).

[第107页]

45.求 8 个自然数 a_i,使 $\sum_{k=1}^{8}(\sqrt{a_k}-\sqrt{a_k-1})=2$.

[第107页]

46.是否存在函数 $F:\mathbf{N}\rightarrow\mathbf{N}$,使得对任意自然数 x,有
$$F(F(F(\cdots F(x)\cdots)))=x+1$$
这里 F 被应用了 $F(x)$ 次.

[第108页]

47.把 26 个非零数字写成一行.证明:可以把这一行数字分成几部分,使所得到的数(这些数中的每个数是由每个部分中的数字连接而成的)可被 13 整除.

[第108页]

48.凸四边形 $ABCD$ 的 2 条对角线相交于点 O,点 P 和 Q 分别是△ABO 和△CDO 的外接圆圆心.证明:$|AB|+|CD|\leqslant4|PQ|$.

[第108页]

49.将一副纸牌按照以下操作进行洗牌:把这副纸牌分为几部分,并保持它们的顺序,且不改变各张纸牌在该部分中的顺序.证明:可以把一副 1 000 张纸牌用不多于 56 次洗牌将任意给定的顺序变为任意其他顺序.

[第109页]

11 年级

50. 在一个 8×8 的国际象棋棋盘上,一个黑兵被放置在右上角的方格中.我们可以在棋盘上的任何空方格上放置一个白兵,并通过重新涂色相邻方格中的兵使黑兵变为白兵,反之亦然(若两个方格有一个公共顶点,则称它们为相邻方格).是否可以通过这种方式放置兵,使棋盘上的所有 64 个方格都被白兵填满?

[第110页]

51. 已知,弦 AB 分一个圆为 2 条弧,它们的中点分别为 M 和 N. 绕点 A 旋转一个角度,把点 B 转到点 B',把点 M 转到点 M'. 证明:联结线段 BB' 的中点和点 M' 及 N 的 2 条线段互相垂直.

[第 110 页]

52. 实数 $x_1, x_2, \cdots, x_n$ 属于区间 $[-1,1]$,它们的立方和等于 0. 证明: $x_1 + x_2 + \cdots + x_n$ 不大于 $n/3$.

[第 110 页]

53. 对一个自然数可以做以下 2 种运算:(a)把它乘以任意自然数,(b)在它的十进制表示中删去一些 0. 证明:对任意自然数 X,可以多次进行这些运算把 X 变为一位数.

[第 111 页]

54. 给定 2 个连续函数 $F, G: [0,1] \to [0,1]$. 已知 F 是增函数. 证明不等式

$$\int_0^1 F(G(x)) \mathrm{d}x \leqslant \int_0^1 F(x) \mathrm{d}x + \int_0^1 G(x) \mathrm{d}x$$

[第 111 页]

55. 有限数列 $a_1, a_2, \cdots, a_n$ 被称为 p-平衡数列,如果对任意 $k = 1, 2, \cdots, p$,有 $a_k + a_{k+p} + a_{k+2p} + \cdots$ 中的任意一个和是相同的. 证明:若对 $p = 3, 5, 7, 11, 13, 17$,具有 50 项的数列是 p-平衡的,则它的所有数都等于 0.

[第 111 页]

56. 证明:数 $512^3 + 675^3 + 720^3$ 是合数.

[第 112 页]

57. 一个样板定义为正 $2n$ 边形的 n 个顶点组成的任意集合. 是否总能求出这个 $2n$ 边形的 100 次旋转,使给定样板在这些旋转下的像覆盖这个多边形的全部 $2n$ 个顶点?

[第 112 页]

6 第53届奥林匹克解答(1987)

1.把应用于各行的加法运算次数记作 a_1, a_2, a_3, a_4,把应用于各列的减法运算次数记作 b_1, b_2, b_3, b_4.通过比较初始表格和所需表格,我们可以得出以下关系:$a_1 = b_1, a_2 = b_2$, $a_3 = b_3, a_4 = b_4, a_1 - b_2 = 3, a_1 - b_3 = 6, a_1 - b_4 = 9$.于是,令 a_4 是任意非负整数来解答这个问题,执行运算的顺序无关紧要,其中一个解是 $a_1 = 9, a_2 = 6, a_3 = 3, a_4 = 0, b_1 = 9, b_2 = 6$, $b_3 = 3, b_4 = 0$.

2.假设存在问题中所述的货币集合.令 a, b, c, d 分别是面值 $1, 10, 100, 1\,000$ 美元的货币张数,则有以下 2 个方程

$$a + b + c + d = 500\,000 \qquad\qquad ①$$

$$a + 10b + 100c + 1\,000d = 1\,000\,000 \qquad\qquad ②$$

由方程②－①,得

$$9b + 99c + 999d = 500\,000 \qquad\qquad ③$$

这不可能,因为 $500\,000$ 不能被 9 整除,而所得式子③左边显然是 9 的倍数.

3.这些堡垒与道路的图形如图 6.1 所示.

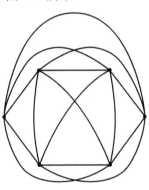

图 6.1

4.将男孩人数和女孩人数分别记作 B 和 G,肉饼数量和面包数量分别记作 x 和 y,则有方程 $Bx + Gy = By + Gx + 1$,即 $(B-G)(x-y) = 1$.但是只有当 2 个整数分别等于 1 或 -1 时,这 2 个数的积才能等于 1.因为已知差 $B-G$ 是正的,所以可断定它等于 1.

5.答案是 $1\,001$.注意,如果我们买的第 1 张电车票碰巧是 000001,则我们可获得的第 1 张幸运车票是 001001,即购买少于 $1\,001$ 张车票是不够的.

现在,我们必须证明 $1\,001$ 是足够的车票数量,且这个数量能够实现我们的目标.把第 1 张买到的车票上的 6 位数记作 AB,其中 A 表示由前 3 个数字组成的数,B 表示由后 3 个数字组成的数.若 $A \geqslant B$,则我们可以购买 $A - B \leqslant 1\,000$ 张车票,就得出幸运车票 AA;若 $A < B$,则购买 $1\,001 - B$ 张车票使我们得到车票 $A'B'$,其中 $A' = A + 1, B' = 0$.于是,我们再购买

$A+1$ 张车票就可以得到幸运车票. 因此, 我们达到了目的, 这时有 $1\,002-(B-A)$ 张车票, 因为 $B-A\geqslant1$, 所以可以断定 $1\,001$ 确实是我们要购买的足够的车票数量.

6. 这个策略保证了第一个玩家能够得到 10 分. 他需要在棋盘的中央方格上写下第一步, 并在第二个玩家填充的方格的对称方格(关于棋盘中心对称)上写一个加号. 这个策略确保了中间的行和列, 使第一个玩家得 2 分. 此外, 所有其他的行都可以分成成对的对称行, 我们可以看到每对对称行将分数平均分给两位玩家. 对于列也是如此, 因此第一个玩家恰好得到了 10 分.

现在, 我们需要证明第二个玩家可以通过自己的策略得到至少 8 分(棋盘上行和列的总数是 18). 主要的想法是, 第二个玩家也可以实现对称填充, 正如我们所看到的, 这样他将得到所需的 8 分. 如果第一个玩家遵循上述策略, 那么第二个玩家的行动是无关紧要的, 但是如果第一个玩家做出了一个非对称的移动, 那么他的对手应该开始支持对称移动. 即使在最开始时, 第一个玩家在中央方格之外的方格中写下第一步, 第二个玩家也仍然可以支持必要的对称性, 而且由于最后一步是由第一个玩家完成的, 所以他将被迫完成对称填充. 因此, 我们证明了答案是 10.

8. 因为显然 $\triangle BKC\cong\triangle CHB$, 所以有 $CK=HB$, $BK\perp KC$. 于是 BK 是高, 所以 $\triangle ABC$ 是等腰三角形: $AB=BC$. 此外 $\angle HBC=\angle KCB$. 因此 $AB=AC=BC$, 证毕.

10. 将量 S 定义为 d_1 的数值 A 与 d_2 的数值 B 的差, 则 $S=A-B$. 开始时, $S=1$. 研究 S 的性质, 有 2 种情形: (a)在 D_1 国做交换, 于是 A 的新值是 $A-1$, B 的新值是 $B+10$. (b)在 D_2 国做交换, 于是 A 的新值是 $A+10$, B 的新值是 $B-1$. 在任意情形中, S 的新值是 $S\pm11$. 从而, 我们可以断定 S 与 1 对模 11 总是同余的, 因此不能是 0.

12. 答案是肯定的. 此外, 恰好有 2 种这样的安排, 不包括旋转和反射(图 6.2(a)(b)). 把中心圈中的数记作 X, 如图 6.2(c)所示, 则所有 10 个数之和等于 $3S+X$, 其中 S 是每个黑色三角形的各顶点上的数之和. 另外, 这个总和等于 45, 从而 $3S+X=45$. 因此 $X=0,3,6$ 或 9. 设 $X=0$, 则 $S=15$, 我们得 $A+B=C+D=E+F=15$ (图 6.2(c)). 但是, 只有 2 种将 15 表示为 2 个数字之和的方法: $15=9+6=8+7$, 所以 $X\neq0$. 类似地, $X\neq9$. 因此 $X=3$ 或 6. 若 $X=3$, 则 $S=14$, 我们有 $A+B=C+D=E+F=11=9+2=8+3=7+4=6+5$. 所以数对 $(A,B),(C,D),(E,F)$ 依次与数对 $(9,2),(7,4),(6,5)$ 相同. 不失一般性, 可设 $A=9$, 则 $B=2$. 逐个分析 C 的所有可能值并考虑 $Q\in\{0,1,8\}$, 得 $Q=8,C=4,D=7$, 于是 $R=1,E=6,F=5,P=0$.

$X=6$ 的情形是完全类似的. 这种情形下的解可以从具有 $X=3$ 的解(图 6.2(a))把每个数 n 换为 $9-n$ 而得出.

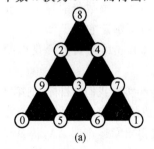
(a)

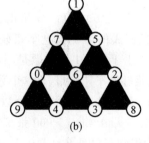
(b)

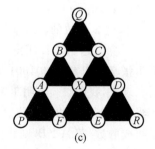
(c)

图 6.2

13.将四边形 $ABCD$ 各边的中点记作 K,L,M,N,线段 KM 与 LN 的交点记作 O(图6.3).因为 KL 与 MN 分别是 $\triangle ABC$ 与 $\triangle ADC$ 的中位线,所以可以推断出它们相等且互相平行,即四边形 $KLMN$ 是平行四边形.它的对角线被它们的交点所平分,由此给出以下等式:$LO=ON$,$KO=OM$.现在,四边形 $LCMO$ 与四边形 $OMDN$ 的周长相等意味着 $LC=ND(LO=ON,CM=MD$,边 OM 是公共边).类似地,可以得出 $BL=AN,BK=CM,AK=DM$.因此,有 $AB=CD,BC=AD$,即四边形 $ABCD$ 是平行四边形.

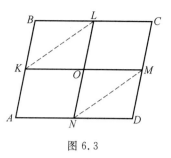

图 6.3

16.**证1** 有3种类型的线段可以把立方体的各顶点联结起来:(a)立方体各条棱.(b)小对角线,即立方体各个面的对称线.(c)大对角线,它联结立方体的相对顶点.因为给定折线没有自交点,所以我们可以看出它在立方体的每个面上最多包含一条小对角线,并且最多包含一条大对角线(所有大对角线相交于一点——立方体的中心).因此,8段折线最多包含7条与立方体各条棱不同的线段.解答完毕.

证2 把立方体的所有顶点涂成黑色和白色,使立方体同一条棱的任意2个端点有不同颜色.由于折线通过所有顶点,因此必须包含具有不同颜色的端点的线段.此外,因为折线是闭合的,所以一定至少有2条这样的线段.但是,在立方体中,哪些线段的端点具有不同颜色呢?它们是立方体的各条棱和联结立方体相对顶点的对角线.设折线不包含棱,则它至少包含2条大对角线,显然它们相交于立方体的中心.这与要求的结果相矛盾.

17.答案是肯定的.此外,我们来证明,该公司能修建一条任意长的公路.注意,我们的广义问题等价于以下问题:给定一个由 $A_1=1,A_{k+1}=A_k+1/A_k^{10}$ 定义的数列 $\{A_n\}$,则这个数列是否会无限增加呢?假设存在一个数 N,使 $A_k<N$ 对任意 k 成立,则有 $A_{k+1}>A_k+1/N^{10}$,因此,$A_{k+1}>1+k/N^{10}$.但取 $k=N^{11}$,得出 $A_{k+1}>1+N$,矛盾.

注 本题还有其他解法.提示:注意 A_k^{11} 的性质.

18.把给定的点记作 P,给定的直线记作 L.提示:过点 P 作一条直线(记作 L')与直线 L 平行,则可以在点 P 处作 L' 的垂线,于是得出从点 P 到直线 L 的垂线.我们先作1个矩形,它的1个顶点是 P,另外2个顶点在直线 L 上.利用作图工具容易作出矩形,从而得出点 P',即矩形的第4个顶点.然后,对点 P' 重复以上操作,得到点 P''(图6.4).剩下需要注意的是,因为矩形各对角线被它们的交点平分,所以 $\triangle PP'P''$ 的一条中位线在直线 L 上,即包含线段 PP'' 的直线与直线 L 平行.

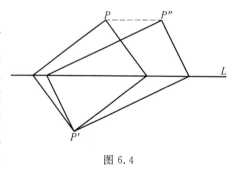

图 6.4

19.答案是否定的.可以将棋盘各方格涂成黑色或白色.在这个兵移动前后,我们观察它所占用的方格的颜色.开始时,给定的兵占用了26个黑色方格和24个白色方格,这个关系在这个过程中一定成立.但是,在棋盘的左半部分有25个黑色方格和25个白色方格,因此无法用要求的方式移动这些兵.

20. 本题可以重述如下:存在非负整数 x,y,z,t,u,v,w,使

$$x+2y+5z+10t+20u+50v+100w=A$$
$$x+y+z+t+u+v+w=B$$

我们需要证明方程组

$$a+2b+5c+10d+20e+50f+100g=100B$$
$$a+b+c+d+e+f+g=A$$

至少存在 1 个非负整数解.为了证明这一点,只需考虑 $a=100w,b=50v,c=20u,d=10t$,$e=5z,f=2y,g=x$ 就够了.

21. 展开原式后,得

$$1+2ab+a^2b^2+1+2cd+c^2d^2+a^2c^2+b^2d^2=1+(1+ab+cd)^2+(ac-bd)^2 \geqslant 1$$

22. 令 M,N 分别表示 B_2A_2 与 BA_1,B_2A_2 与 AB_1 的交点(图 6.5).线段 B_2N 是 $\triangle ABB_1$ 的中位线,从而 $B_2N=AB/2$.类似地,$A_2M=AB/2$.于是有 $\triangle BMA_2 \cong \triangle ANB_2$,因为它们有相等的边 $B_2N=MA_2$,相等的角 $\angle B_2AN=\angle A_2BM$,以及从顶点 A 和 B 分别作出的 2 条相等的高.因此 $\angle AB_2A_2=\angle BA_2B_2$.利用这个等式,可以用相同的方法证明 $\triangle AB_2A_2 \cong \triangle BA_2B_2$,特别是 $\angle BB_2A_2=\angle AA_2B_2$,所以 $\angle CA_2B_2=\angle CB_2A_2$,即 $\angle CAB=\angle CBA$,因为 $A_2B_2 /\!/ AB$.

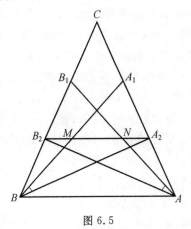

图 6.5

23. **证 1** 现在,对树枝数 N 用归纳法证明这个过程的总时间与飞走的乌鸦数一样不依赖乌鸦飞走的顺序.开始时,P 只乌鸦站在橡树最高(第 N 个)的树枝上.考虑在橡树其他树枝上的过程.若这个简化过程需要 T 分钟,飞走的乌鸦数等于 Q,则可以推导出,必须恰有 $P+Q-1$ 只乌鸦从第 N 个树枝飞走(除了 $P=Q=0$ 的情形,于是没有这种类型的乌鸦).因此,它还需要 $P+Q-1$ 分钟,可以断定整个过程需要 $T+P+Q-1$ 分钟,飞走的乌鸦数等于 $P+Q-1$,与飞走的顺序无关.

证 2 首先,给橡树树枝数从树的底部到树的顶部编号;然后,用 $a_1,a_2,\cdots,a_N$ 表示站在树枝上的乌鸦数量.将量 S 定义为乌鸦数量之和——若乌鸦 A 站在第 k 条树枝上,则说 A 有数 k;若 A 飞走了,则说 A 有数 $N+1$.因为每分钟 S 恰好增加 1,所以得出整个过程的总时间等于 S 的终值与初值之差.若一个树枝有数 k,且存在 $m \leqslant k$,使 $a_m+a_{m+1}+\cdots+a_k>k-m$,则说它是有标记的.

引理 树枝 B 在乌鸦飞走过程结束时必定被一只乌鸦占用的充分必要条件是 B 是被标记的.

证 首先,若 B 有标记,则存在 $m \leq k$ 使多于 $k-m$ 只乌鸦站在之前的 $k-m$ 个树枝上(可设 $a_k = 0$,否则引理的陈述是显然的).因为它们只向上移动,在某时刻,其中一只乌鸦将占用 B.因此 B 在过程结束时一定被占用.

为了证明逆命题,考虑以下例子:除了一只乌鸦,其余站在第 1 个(最下部)树枝的乌鸦都飞到了第 2 个树枝上.类似地,从第 2 个树枝飞到第 3 个树枝,依次类推.设 B 没有被标记,尽管它在飞行结束时被占用.进一步,求比 B 低的最高树枝 X,B 最后未被占用(若没有,则把地面看作树枝).若 X 的数值是 m(也许 $m=0$),则在 X 与 B 之间的所有树枝最后一定会被占用,并且我们可以看到它们被站在这些树枝上的乌鸦占用(从较低树枝飞来的任意乌鸦不能到达这些树枝,因为 X 是空的).但这与不等式 $C = a_{m+1} + \cdots + a_k \leq k - m - 1$ 矛盾.事实上,C 只乌鸦显然不能占用 $k-m$ 个树枝(X 与 B 之间的 $k-m-1$ 个,以及 B 本身).

引理说明最终的安排只依赖于最初的位置安排.因此,S 的终值与初值之差不依赖于特定的飞走顺序.

24.考虑大的 $4 \times 4 \times 4$ 的正方体中的 8 个边界正方体.当然,我们可以求出其中的 1 个(例如 B),它不在 8×8 的正方形的边界上.因为大正方体的任意边界正方体都有 3 个相邻的正方体,所以在它之前的位置(在正方形中)上没有 4 个相邻的正方体,因此它在正方形的边界上.把之前与它相邻的正方体记作 A, C, E,其他正方体记作 $D, F, \cdots, K, L$(图 6.6(a)).可以很容易地检查它们现在的安排是否与图 6.6(b)一致.我们可以通过简单的检查来弄清这个事实:研究图 6.6(b)上从左到右的所有可能移动.剩下需要注意的是图 6.6(b)与假设(K 在正方形中有 4 个相邻的正方体)矛盾.

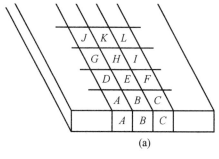
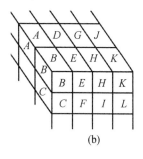

图 6.6

25.因为任意交换不改变棋盘的每一列中黑色方格的数量,它最初等于 4,所以我们永远不会得到包含 8 个黑色方格的一列.

26.将 2 个圆的圆心分别记作 O 与 O'(图 6.7).利用圆心角与圆周角的量度关系,有 $\angle MAB + \angle MBA = 180° - \angle BMA = \frac{1}{2} \angle BO'A$.进一步,$OA \perp O'A$,$OB \perp O'B$,说明 $\angle BO'A = 180° - \angle AOB$,即 $\angle XAB + \angle YBA + \frac{1}{2} \angle AOB = 90°$.上式说明 $\overparen{XBAY}$ 的度数等于 $180°$,这表明 XY 是圆心为点 O 的圆的直径.

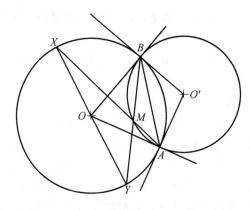

图 6.7

27. 把包含 n 个数 2 的所述类型分数记作 a_n. 用归纳法证明 $a_n = n/(n+1)$. 归纳法的基础为 $a_1 = 1/2$. 现在,设 $a_{n-1} = (n-1)/n$,则

$$a_n = \frac{1}{2-(n-1)/n} = \frac{n}{n+1}$$

因此答案是 100/101.

注 若试图计算这个数列开始时的几项:$a_1 = 1/2, a_2 = 2/3, a_3 = 3/4, \cdots$,则容易求出 a_n 的明显公式.

29. 答案是 96 433 469. 把要求的数记作 A,它的十进制表示式记作 $\overline{a_1 a_2 \cdots a_n}$. 我们首先证明,若 $a_{i-1} < a_i$,则在数字 a_i 后最多只能有 2 个数字. 实际上,$a_i < (a_{i-1}+a_{i+1})/2$ 蕴含 $a_{i+1} > 2a_i - a_{i-1}$,即 $a_{i+1} \geqslant 2a_i - a_{i-1} + 1 > a_i + 1$,或 $a_{i+1} \geqslant a_i + 2$. 类似地,有

$$a_{i+2} \geqslant 2a_{i+1} - a_i + 1 \geqslant a_i + 5$$

$$a_{i+3} \geqslant 2a_{i+2} - a_{i+1} + 1 \geqslant 2(2a_{i+1} - a_i + 1) - a_{i+1} + 1 = 3a_{i+1} - 2a_i + 3 \geqslant a_i + 9$$

但是 $a_i \geqslant 1$,我们有 $a_{i+3} \geqslant 10$,矛盾. 类似的论证指出,若 $a_{i-1} > a_i$,则在数字 a_{i-1} 前最多只能有 2 个数字. 总之,这两个事实说明,数 A 不能包含多于 8 个数字,在包含 8 个数字的情形下,有 $a_3 > a_4 = a_5 < a_6$. 利用早期已经证明的不等式,我们得 $9 \geqslant a_8 \geqslant a_6 + 5$,即 $a_6 \leqslant 4, a_5 \leqslant 3; 2a_7 < a_6 + a_8 \leqslant 4 + 9 = 13$,即 $a_7 \leqslant 6$. 类似地,$a_1 \leqslant 9, a_2 \leqslant 6, a_3 \leqslant 4, a_4 \leqslant 3$. 因此 $A \leqslant$ 96 433 469.

30. 把被云遮住的星星记作 $A_1, A_2, \cdots, A_{25}$,所有其他的星星记作 $B_1, B_2, \cdots, B_{25}$. 对 $1 \leqslant i, j, k \leqslant 25$,把形如 $|B_i B_j| \leqslant |B_i A_k| + |B_j A_k|$ 的所有可能的三角形不等式相加,得出的不等式左边等于 $25T$,其中 T 是可见的各星星之间的距离之和. 右边包含每个距离 $|B_i A_k|$ 恰好 24 次,因此它不大于 $24(S-T)$. 最后,有 $25T \leqslant 24(S-T)$,于是

$$T \leqslant \frac{24}{49} S < \frac{1}{2} S$$

35. 答案是肯定的. 令 $n = 993$,得

$$n^n + (n+1)^n = n^{993} + (n+1)^{993}$$

它是 $n + (n+1) = 1\ 987$ 的倍数.

37. 为了证明要求的性质,我们首先证明 $FGCA$ 是等腰梯形(图 6.8). 由计算知,$\overset{\frown}{FBG}$

的度数＝2∠BAG＋2∠BCF＝60°＋60°＝120°＝$\overset{\frown}{AC}$的度数. 于是,斜边 FG＝AC,因此 FGCA 是等腰梯形. 因为该图肯定关于两底边 AF 与 GC 的共同垂直平分线对称,所以我们可以得出外接圆的圆心在这条平分线上,它与∠AOE 和∠COD 的共同平分线重合.

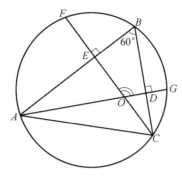

图 6.8

38. 我们来检查 $\sqrt{(a+c)(b+d)} \geqslant \sqrt{ab}+1$. 由平方得 $ab+bc+ad+cd \geqslant ab+2\sqrt{ab}+1$. 消去 ab 并利用 $cd=1$,由 AM－GM 不等式,得 $(bc+ad)/2 \geqslant \sqrt{abcd}=\sqrt{ab}$. 这显然说明开始的不等式成立,它足以证明要证的结论.

39. 第一个玩家获胜. 若还有奇数字可用,则他只利用奇数字. 此外,他应该确保在他的最后一步之后,中间结果是偶数. 当然,他可以做到这一点.

(a)若他在第9个位置写下一个奇数字,则他可以通过写上"＋"或"×"号来确保结果是偶数,具体取决于前一个中间结果是奇数还是偶数.

(b)若他写下一个偶数字,则他肯定可以将星号更改为"×". 因此,在他的最后一步之前,第二个玩家面对的是一个偶数的中间结果和一个要写下的偶数字. 显然,无论他怎样行动,最终的结果都将是偶数.

40. 显然,任意交换可以表示为同时进行循环交换的结合. 因此,只需证明每次循环交换可以在2天内完成即可. 任意循环交换相当于圆绕角 $2\pi/n$ 的旋转 R(图6.9),且显然有 $R=S_2 \circ S_1$,其中 S_1 与 S_2 关于轴 L_1 和 L_2 对称. 直线 L_1 是 $A_1 A_2$ 的垂直平分线,L_2 是∠$A_1 A_2 A_3$ 的角平分线. 显然,S_1 与 S_2 都表示一系列的同时交换. 因此,作对应于 S_1 的交换,然后作对应于 S_2 的交换,就可得出所需要的循环交换,由此便推出了解答.

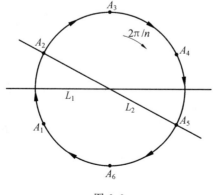

图 6.9

41. 题中不等式可以用导数证明,显然这不是一个简单的练习题,但存在一个简捷的几何证明方法.作 $\angle XYZ=60°$,在它的边 YX 与 YZ 上分别取点 X_1,X_3,X_5 和 Z_2,Z_4,Z_6(图 6.10).利用这种方法,使 $YX_i=OA_i,YZ_j=OA_j(i=1,3,5;j=2,4,6)$,则原不等式可以改写为

$$X_1Z_2+X_3Z_4+X_5Z_6<X_3Z_2+X_5Z_4+X_1Z_6$$

实际上

$$X_1Z_2<X_1Q+QZ_2$$
$$X_3Z_4<X_3Q+QP+PZ_4$$
$$X_5Z_6<X_5P+PZ_6$$

将这些不等式相加,证毕.

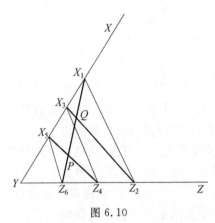

图 6.10

42. 令 $X=991$,则得

$$989 \cdot 1\,001 \cdot 1\,007+320 =(X-2)(X+10)(X+16)+320$$
$$=X^3+24X^2+108X-320+320$$
$$=X(X+6)(X+18)$$
$$=991 \cdot 997 \cdot 1\,009$$

容易(但需要几分钟的时间)检验 991,997 和 1 009 是质数,因此分解完毕.

注 这个简单问题引出了另一个更复杂的问题:对任意自然数 N,存在 2 个多项式,它们都有 N 个整数根,并使它们之差是非零常数,这是真的吗? 对 $N=4,5,6$ 找出例子.

43. 假设它是可能的.把初始的圆记作 $C_1,C_2,\cdots,C_p$,由各切片组装成的圆记作 $C'_1,C'_2,\cdots,C'_q$.并集 $C_1\cup C_2\cup\cdots\cup C_p$ 的边界是弧 $A_1,A_2,\cdots,A_n$ 的并集.我们可以求出,在并集 $C'_1\cup C'_2\cup\cdots\cup C'_q$ 的边界上,弧 $B_1,B_2,\cdots,B_n$ 分别等于弧 $A_1,A_2,\cdots,A_n$(这些圆不相交,见图 6.11(a)).用弧 $A_1,A_2,\cdots,A_n$ 定义扇形 $S_1,S_2,\cdots,S_n$,用弧 $B_1,B_2,\cdots,B_n$ 定义扇形 $T_1,T_2,\cdots,T_n$.我们来验证扇形 S_i 是互不相交的.若 M 是 S_i 与 S_j 的公共点,则 N 应该在 $\odot O$ 外(图 6.11(b)).于是 $OK<ON$.类似地,$O'N<O'K$,即 $OK+O'N<ON+O'K$.一方面,由三角形不等式推出 $MK+MO'>O'K,MN+MO>ON$,因此 $OK+O'N>ON+O'K$,矛盾.从而推出 S_i 互不相交.于是,$C_1\cup C_2\cup\cdots\cup C_p$ 的面积大于 $S_1\cup S_2\cup\cdots\cup S_n$ 的面积,由开始给定的一些圆重叠,我们可以推出严格不等式.另一方面,面积$(C_1\cup C_2\cup\cdots\cup C_p)=$面积$(C'_1\cup C'_2\cup\cdots\cup C'_q)$,面积$(T_1)+\cdots+$面积$(T_n)=$面积$(S_1)+\cdots+$

面积(S_n). 由这个矛盾就完成了证明.

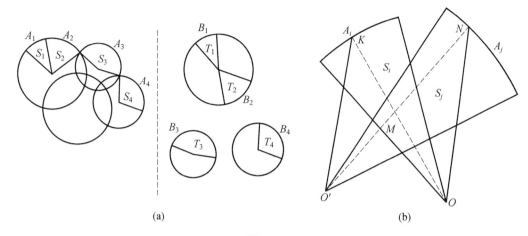

图 6.11

44. 这个解答分三部分：(a) 我们总是可以从皇宫中找出这样 1 个房间, 关闭这个房间, 把皇宫分成一些独立的部分, 每一部分包含的房间数量不超过总数的一半. 于是, 卫兵长官可派 1 个卫兵在 1 个房间里面, 而另一些卫兵去检查皇宫的其他独立房间 (于是小偷就无法从一个部分悄悄地移动到另一个部分). 利用这个方法可以证明, 若皇宫最多包含 2^N 个房间, 则 N 个卫兵总能抓到 1 个小偷 (归纳基础：1 个卫兵总能在有 2 个房间的皇宫内抓到 1 个小偷). 剩下需要注意的是, $2^{10} = 1\,024 > 1\,000$.

(b) 假设存在包含 A 个房间的皇宫, 其中 N 个卫兵确实不能抓到 1 个小偷, 例如, 若 $N = 1, A = 4$ (图 6.12(a)). 让我们建立彼此接近的 3 个小皇宫 $P(1), P(2), P(3)$, 并建立 1 个特殊房间 R 把这些小皇宫连接起来, 如图 6.12(b) 所示. 我们打算检验, $N+1$ 个卫兵在 3 个小皇宫中确实不能抓到 1 个小偷.

假设卫兵们按照小偷知道的一个计划行动. 由假设推出, 只有当所有卫兵在同一个小皇宫 $P(i)$ 中时, 他们才能抓到 1 个小偷. 若他们的计划有这样的时刻 $t_1, t_2, \cdots, t_k$, 当所有卫兵在同一个小皇宫时, 例如 t_i 时刻在小皇宫 $P(a_i)$. 则小偷必须用以下方法逃脱. 开始时, 他均不在小皇宫 $P(a_1)$ 与 $P(a_2)$ 内, 然后在 $(t_i - e, t_i + e)$ 中一段很小的时间内, 他奔向 1 个小皇宫, 但都不是 $P(a_i)$ 与 $P(a_{i+1})$. 在另一个时刻, 他按照"上一级"策略行动, 即他不得不摆脱在这个小皇宫 (小偷确实在这个小皇宫内) 内的卫兵们. 当然, 小偷不得不很快地逃跑, 以便挽救他的生命! 这给出了另一个归纳证明, 我们可以建立 1 个包含 $((((3+1)3+1)3+1)3+1)3+1 = 364$ 个房间的皇宫, 在这里有可能 5 个卫兵都不能抓住 1 个巴格达小偷 (它的房间平面图如图 6.12(c) 所示).

(c) 我们把皇宫中的一系列房间称为主要套房 (图 6.12(d)).

引理 存在把皇宫分割成几个部分的主要套房, 并且每部分包含的房间数少于总房间数 T 的三分之一.

证 为了建立主要套房, 从任意单人间套房开始. 若皇宫的另一部分至少包含 $T/3$ 的房间 (显然有不多于这样的两部分), 我们从这些部分中 1 次增加 1 个房间来扩大单人间套房. 在几次这样扩大后, 我们看见 1 个新房间只能连接一系列房间中的最后 1 个房间;皇宫被主要套房分割成的每部分的房间数在扩大过程中单调减少.

在建立了套房的关键结构 $K=K_1K_2\cdots K_p$ 后,卫兵长官可以安排 1 个卫兵在 K 的第 1 个房间,而另一些卫兵去检查邻接 K_1 的皇宫各部分——除了连接 K_1 与 K_2 的门所通往的那部分(图 6.12(e)).于是所有这些卫兵都进入 K_2,重复这个过程,依此类推.因此,我们断定,若 N 个卫兵总能在具有 A 个房间的皇宫中抓到小偷,则 $N+1$ 个卫兵总能在具有 $3A+1$ 个房间的皇宫中抓到小偷.此外,由归纳法推出,若 $T<(((((((3+1)3+1)3+1)3+1)3+1)3+1=1\ 093>1\ 000$,则 6 个卫兵可以抓到小偷.

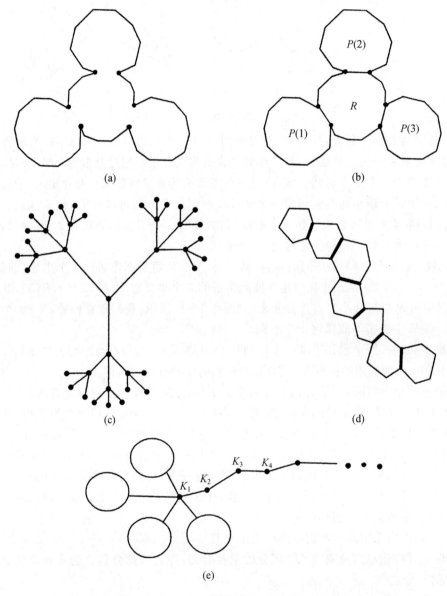

图 6.12

总结一下,我们可以看到,这个问题被完全解答了,即对每个 N,无论皇宫多大,N 个卫兵总能抓到小偷.事实上,T 必须小于 $((\cdots(3+1)3+1)\cdots)3+1=(3^{N+1}-1)/2$,且已经证明了,若 $T<(3^{N+1}-1)/2$,则 N 个卫兵可以达到目的.

47. 把正方体的顶点分成相等的两组,使同组的任意 2 个顶点不是正方体同一条棱的端点(图 6.13). 把第 1 组顶点上的数记作 A_1,A_2,A_3,A_4,第 2 组的数记作 B_1,B_2,B_3,B_4. 规定 $A=A_1+A_2+A_3+A_4$,$B=B_1+B_2+B_3+B_4$. 我们看到,$AB\geqslant S$(S 为每条棱上标注的积之和),因为左边的表达式包含 S 中所有的加数和被加数. 现在,由 AM-GM 不等式,得 $AB\leqslant((A+B)/2)^2=1/4$,证毕.

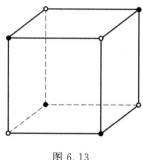

图 6.13

48. 本题的陈述意味着 A_n 与 A_1 对模 1 987 同余,A_{n-1} 与 $(-A_2)$ 对模 1 987 同余. 因此,$A_{n-2}=A_n-A_{n-1}$ 和 $A_1+A_2=A_3$ 对模 1 987 同余. 进一步,容易用归纳证明 A_{n-1} 与 $(-1)^iA_{i+1}$ 对模 1 987 同余. 特别地,我们看到,A_1 与 $(-1)^{n-1}A_n$ 对模 1 987 有相同的余数. 显然,只有当 n 是奇数时,最后的陈述才能成立(当 1 987$>A_1\geqslant 1$ 时,$2A_1$ 不能被 1 987 整除).

51. 从最上层那张卡片开始给一叠卡片连续地编号 $0,1,2,\cdots,2n$. 注意,写在初始那叠卡片中任意三张连续卡片上的数 a,b,c 满足性质:$a-2b+c$ 可被 $2n+1$ 整除. 特别需要注意的是,它对三数组 $\{2n-1,2n,0\}$ 与 $\{2n,0,1\}$ 同样成立. 从现在起,把这些三数组看作是连续的(顺便说一句,它们是很自然的). 现在引入以下概念:我们说这叠卡片的顺序满足三性质,如果任意三张连续(在一般意义下)卡片上的数满足以上性质. 我们的目的是,证明 2 个允许的运算不影响这叠卡片的三性质.

在第 1 个运算的情形中,无须证明,因为它保留这叠卡片的所有三数组——只要我们围绕圆写出卡片上的数(图 6.14). 我们必须对第 2 个运算证明如下命题:若整数数列 a_0, $a_1,\cdots,a_{2n}$ 满足三性质,则这对数列 $a_n,a_0,a_{n+1},a_1,a_{n+2},\cdots,a_{2n-1},a_{n-1},a_{2n}$(对应执行第 2 个运算的排列)仍然成立. 我们在这里证明三数组 $\{a_{n-1},a_{2n},a_n\}$ 满足条件:$a_{n-1}-2a_{2n}+a_n$ 可被 $2n+1$ 整除,所有其他三数组可以进行类似的处理. 因此,$a_{n-2}-2a_{n-1}+a_n$ 与 $a_{n-1}-2a_n+a_{n+1}$ 可被 $2n+1$ 整除,把这些表达式相加,可知 $a_{n-1}+a_n$ 与 $a_{n-2}+a_{n+1}$ 对模 $2n+1$ 同余. 于是,把 $a_{n-3}-2a_{n-2}+a_{n-1}$ 与 $a_n-2a_{n+1}+a_{n+2}$(它们可被 $2n+1$ 整除)加到表达式 $(-a_{n-1}-a_n)+(a_{n-2}+a_{n+1})$ 中去,我们证明了 $a_{n-2}+a_{n+1}$ 与 $a_{n-3}+a_{n+2}$ 对模 $2n+1$ 同余,依此类推. 最后得出 $a_{n-1}+a_n$ 与 a_0+a_{2n-1} 对模 $2n+1$ 同余. 因此,$(a_{n-1}+a_n)-2a_{2n}$ 可被 $2n+1$ 整除(在最后的结论中,我们利用了数 a_{2n-1},a_{2n+1},a_0 在初始数列中是连续的).

这个解答的技术部分已经完成,现在我们可以利用以下结果:应用第 1 个和第 2 个运算,从初始数列得出的任意叠卡片中的卡片顺序满足三性质. 这意味着,这叠卡片中两张相邻卡片上的数 a,b 唯一地确定了它们后面一张卡片上的数 c. 实际上,若存在 2 个可能的、唯一的数 c 与 c'，则 $a-2b+c$ 与 $a-2b+c'$ 可被 $2n+1$ 整除．然而，由此推出 $c-c'$ 可被 $2n+1$ 整除，这是不可能的，因为数 c 与 c' 属于集合 $\{0,1,\cdots,2n\}$．因此，由初始数列用第 1 个和第 2 个运算得出的任意叠卡片中的前两张卡片唯一地确定了第 3 张卡片上的数，第 4 张卡片上的数，……，直到第 $2n+1$ 张卡片上的数．因此，所讨论的不同叠卡片上的数不大于上面两张卡片所组成的不同对的数，后者等于 $2n(2n+1)$——有 $2n+1$ 种方法选择其中第 1 张卡片，有 $2n$ 种方法选择剩余卡片中的第 2 张卡片．

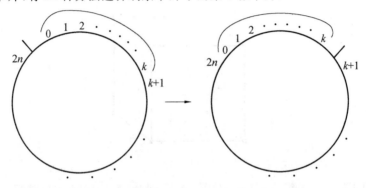

图 6.14

54．将中值定理应用于函数 $h(x)=g(x)-x$，我们得到，存在 $x_0\in[0,1]$，使 $h(x_0)=0$，即 $g(x_0)=x_0$．把 $f(x_0)$ 记作 $x_1,f(x_1)$ 记作 x_2，……，$f(x_n)$ 记作 x_{n+1}．用归纳法证明，对每个 k 有 $g(x_k)=x_k$，这个归纳基础已经被证明了．进一步，$g(x_{k+1})=g(f(x_k))=f(g(x_k))=f(x_k)=x_{k+1}$．此外，数列 $\{x_n\}$ 是单调的．若 $x_1\geqslant x_0$，则 $x_2=f(x_1)\geqslant f(x_0)=x_1$，因为 f 是递增的．类似地，有 $x_3\geqslant x_2$ 等．$x_1<x_0$ 的情形是完全类似的．一个众所周知的事实是，有界单调数列收敛．于是，可以定义，当 $n\to\infty$ 时 $a=\lim x_n$．检验

$$f(a)=f(\lim x_n)=\lim f(x_n)=\lim x_{n+1}=a$$
$$g(a)=g(\lim x_n)=\lim g(x_n)=\lim x_n=a$$

注 这是很久以前提出的乌拉姆(Ulam)猜想：对任意 2 个可交换的连续函数 f,g：$[0,1]\to[0,1]$（即对每个 $x,f(g(x))=g(f(x))$），存在 1 个共同的固定点．这个猜想对多项式已被证实，但现在已有例子证明这个一般猜想并不正确．

56．对 T 用归纳法证明．$T=1$ 的情形是显而易见的，因为这个数列的所有项都是相等的．让我们来证明归纳的步骤：$T\to T+1$．给定不多于 $T+1$ 个不同的有序 $T+1$ 元数组 $(X_{k+1},\cdots,X_{k+T+1})$．因此，有不多于 $T+1$ 个不同的有序 T 元数组 $(X_{k+1},\cdots,X_{k+T})$．若它们的个数不大于 T，则由假设知该数列是周期数列．于是，可设恰有 $T+1$ 个不同的有序 T 元数组，因此恰有 $T+1$ 个不同的有序 $T+1$ 元数组．由此，我们可以断定，每个 T 元数组 $(X_{k+1},\cdots,X_{k+T})$ 必然可以唯一地延续到 $T+1$ 元数组 $(X_{k+1},\cdots,X_{k+T},X_{k+T+1})$，这意味着，数列的 T 个连续项确定了下一项．这个事实显然说明了周期性，因为某 T 元数组迟早会再次出现．于是，若 $X_{k+1}=X_{m+1},X_{k+2}=X_{m+2},\cdots,X_{k+T}=X_{m+T}$，则 $X_{k+T+1}=X_{m+T+1}$，因此 $X_{k+T+2}=X_{m+T+2}$，…．

57．首先，用字母标记四边形的各条线段，如图 6.15 所示．$\triangle ABC$ 与 $\triangle ACD$ 的面积之比等于 $\dfrac{x}{y}$，因为

$$面积(\triangle ABC) = \frac{AC \cdot x \cdot \sin\angle BOA}{2}$$

$$面积(\triangle ACD) = \frac{AC \cdot y \cdot \sin\angle COD}{2}$$

此外

$$面积(\triangle ABC) = \frac{ab\sin\angle ABC}{2}$$

$$面积(\triangle ACD) = \frac{cd\sin\angle ADC}{2}$$

$$\sin\angle ABC = \sin\angle ADC$$

因此 $\frac{x}{y} = \frac{ab}{cd}$. 类似地, $\frac{t}{z} = \frac{ad}{bc}$. 因此,有

$$\frac{x}{y} + \frac{t}{z} = \frac{a}{c}\left(\frac{b}{d} + \frac{d}{b}\right) = \frac{a}{c}\left[2 + (\sqrt{\frac{b}{d}} - \sqrt{\frac{d}{b}})^2\right] \geqslant 2\frac{a}{c}$$

用相同的方法得出

$$\frac{y}{x} + \frac{z}{t} \geqslant 2\frac{c}{a}, \frac{x}{y} + \frac{z}{t} \geqslant 2\frac{b}{d}, \frac{y}{x} + \frac{t}{z} \geqslant 2\frac{d}{b}$$

把这 4 个不等式相加,即可得到所要求的结果.

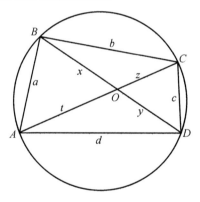

图 6.15

60. 将给定的各子集记作 $A_1, A_2, \cdots, A_s$. 现在对每个 $k \in \{1, 2, \cdots, M\}$,定义集合 C_k,使它们的元素是以下形式的子集链: $B_1 \subset B_2 \subset \cdots \subset B_M = \{1, 2, \cdots, M\}$,其中 B_i 的基数 $= i, B_{a_k}$ 的基数 $= A_k$. 计算 C_k 的基数,可以把这种形式的每个子集链表示成以下 2 个子集链的并集: $B_1 \subset B_2 \subset \cdots \subset B_{a_k} = A_k, A_k = B_{a_k} \subset B_{a_k+1} \subset \cdots \subset B_M = \{1, 2, \cdots, M\}$. 于是 C_k 的基数 $= C'_k$ 的基数 $\times C''_k$ 的基数,其中 C'_k 是所有第 1 种链的集合, C''_k 是所有第 2 种链的集合. 此外, C'_k 的基数 $= a_k!$,因为有 a_k 种方法选取 $B_1, a_k - 1$ 种方法把 B_1 扩大到 B_2. 类似地, C''_k 的基数 $= (M - a_k)!$,因此 C_k 的基数 $= a_k! (M - a_k)!$. 注意,所有这些子集 C_k 都是互不相交的. 若 C_i 与 C_j 有共同的链 $B_1 \subset B_2 \subset \cdots \subset B_M$,则 B_p 中的一些子集组成链 A_i,另一些子集组成链 A_j. 当然,因为 A_i 与 A_j 都是这个链的"项",其中一个包含另一个,所以必然产生矛盾. 又因为 $C_1, \cdots, C_s$ 不相交,所以 C_1 的基数 $+ \cdots + C_s$ 的基数 $\leqslant X$ 的基数,其中 X 表示形如 $B_1 \subset B_2 \subset \cdots \subset B_M$ 的所有链的集合,其中 B_i 的基数 $= i$. 综上所述,直接

计算可得 X 的基数 $=M!$,我们得出

$$a_1!\ (M-a_1)!\ +\cdots+a_s!\ (M-a_s)!\ \leqslant M!$$

它等价于本题中提出的不等式.

  注 这个结果是由山本稔(Yamamoto Minoru)提出的,特别是为著名的施佩纳(Sperner)定理提供了另一个证明方法.这个定理表明,集合$\{1,2,\cdots,M\}$的子集的数量最大为

$$\binom{M}{\lfloor M/2\rfloor}=\frac{M!}{\lfloor M/2\rfloor!\ (M-\lfloor M/2\rfloor)!}$$

其中没有一个子集包含另一个子集.

7 第 54 届奥林匹克解答(1988)

1.每个 2×2 的子表格均包含中心方格和一个隅角方格.于是,中心方格上的数必须等于各隅角方格上的数之和.但是这个关系对题目上所绘表格并不成立.由此推出解答.

2.每个参与者可以得到 1 至 30 张王牌.但是他不能恰好得到 29 张王牌!因此,利用鸽巢原理可以断定,1 个参与者可恰好得到 30 张王牌,于是他的数列与领导者的数列相同.

3.能.可以写出以下数列:$51,1,52,2,53,\cdots,49,100,50$.

4.这样的数 A,B 是不存在的.若 A,B 是非零整数,则 $A+B$ 或 $A-B$ 的绝对值大于 A 和 B 的绝对值.这可以用以下事实来检验:不是 $\text{sign}(A)=\text{sign}(B)$ 就是 $\text{sign}(A)=-\text{sign}(B)$.现在只要回忆以下结果就足够了:若非零整数 X 可被 Y 整除,则 $|X|\geqslant|Y|$.

5.答案是否定的.解答的基本想法是很通俗的(在数学与科学的意义上)不变量思想.把量 S 定义为石堆数与石头数之和.在题目所述条件下,S 是不变量.S 的初值是 1 002,若能得到 n 堆石头,使每堆恰有 3 块石头,则 $S=n$(堆数)$+3n$(石头数)$=4n$,由此产生了矛盾,因为 1 002 不能被 4 整除.

6.油漆匠能做到这一点.假设他从任意房间走到另一个房间 A,然后沿相同道路返回,则 A 的颜色改变了,而城堡所有其他房间仍然保持它们的颜色.当然,利用这些操作,油漆匠可以将城堡地面布置为国际象棋棋盘图案.

9.令 p 表示 $ab-cd$,则 $a=xp,b=yp,c=up,d=vp$,其中 x,y,u,v 是正整数.于是 $p=ab-cd=p^2(xy-uv)$,因此 p^2 整除 p.所以 $p=1$.

10.利用熟知的定理:若 $BC>AC$,则 $\angle BAC>\angle ABC$.回忆对等角相等,假设所提及的星形已绘出,则我们可以写出以下一系列不等式:$\angle BAC>\angle BCA=\angle DCE>\angle DEC=\angle FEG>\angle FGE=\angle HGI>\angle HIG=\angle KIA>\angle KAI=\angle BAC$,因此有 $\angle BAC>\angle BAC$,这是荒谬的.

11.**证 1** 假设没有 1 个人得到 2 张写有相同数的卡片.显然,写有数 25 的各张卡片不参加这个交换过程,因为它们是永远固定的.不迟于 2 次交换后,写有数 24 的各张卡片也固定它们的位置,依此类推.继续这一推理,我们可以得出结论:写有数 $25,24,23,\cdots$,$15,14$ 的各张卡片与写有数 13 的 1 张卡片迟早会变为固定的,而其他卡片正在反复出现.因此,不迟于 24 次交换后,写有数 13 的第 2 张卡片会超过第 1 张(固定的)卡片.

证 2 将量 S 定义为所有参加游戏的人持有的卡片上的最大数之和,则 S 是非减函数,不大于 1 000.于是在某时刻 S 达到它的最大值.

这意味着什么呢?实际上,这意味着某 25 张卡片是固定的,其他各数在圆上移动.因为 25 是奇数,所以我们可以断定,存在 1 个数既写在 1 张固定卡片上,又写在 1 张移动卡片上.因此游戏迟早(不迟于 24 次交换后)会结束.

12. 第 1 个玩家获胜. 更一般地,我们可以确定所有的获胜位置,即数 N,使得当从这堆火柴中取出 N 根火柴时,第 1 个人就赢了. 我们要证明,为使 N 是获胜位置,当且仅当 N 不可被 3 整除.

首先,最后的位置(在一堆中没有火柴)不是获胜位置. 此外,若 N 不可被 3 整除,则玩家从这堆火柴中去掉 1 根或 2 根,使火柴总根数可被 3 整除. 最后,若 N 可被 3 整除,则玩家无法再行动,使火柴总根数再被 3 整除.

把这一切都考虑进去,我们可以看到,为了使第 1 个玩家存在得胜策略,当且仅当 3 不整除 N,并且可以通过以下方式实现:第 1 个玩家每次行动,必须从火柴堆中减少 1 根或 2 根,使火柴数可被 3 整除.

13. 设 $x \geqslant y$,则

$$\frac{x}{1+y}+\frac{y}{1+x} \leqslant \frac{x}{1+y}+\frac{y}{1+y}=\frac{x+y}{1+y}$$

$$\leqslant \frac{1+y}{1+y}=1$$

14. 假设 $\triangle LNP$ 是等边三角形,则 $\angle BCA/2 = \angle NCH = 30°$,$\angle BCA = 60°$,因为 $\angle LBH = 30°$,所以 $\angle BMC = 90°$,于是 BM 是 $\triangle ABC$ 的高. 因此 $\triangle ABC$ 是等腰三形. 回忆 $\angle BCA = 60°$,得 $\triangle ABC$ 是等边三角形. 因此 BM,AH,CK 相交于同一点 $L = N = P$,矛盾.

18. 我们来求边界线段的条数,这些线段的端点有相同的颜色(例如红色). 这个条数等于 41,所以是奇数. 现在计算以下的和 S:对每个单位正方形,求 2 个端点为红色的边数,然后把所有这些数相加. 考虑所有可能的染色类型(图 7.1),我们断定,类型 1,2,4,5,6 的正方形给出 S 的偶数个被加数,类型 3 的正方形给出奇数个被加数. 此外,具有红色端点的每条单位线段恰好被算过 2 次(如果它在图纸的内部),或恰好被算过 1 次(如果它在图纸的边界上),于是 S 与边界上这些具有红色端点的线段条数对模 2 同余,这些线段的条数等于 41. 因此 S 是奇数,不能用多个偶数个被加数相加得出. 因此至少有 1 个奇数被加数. 而这只能通过存在类型 3 的正方形而出现.

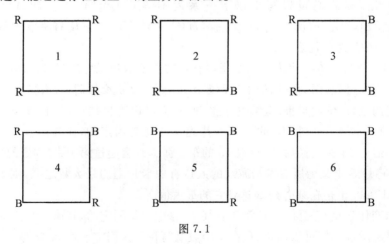

图 7.1

19. 将方程 $a+b+c=\dfrac{1}{a}+\dfrac{1}{b}+\dfrac{1}{c}$ 的两边同时乘以 abc,得 $a+b+c=bc+ac+ab$,上式可改写为 $abc-bc-ac-ab+a+b+c-1=0$ 或 $(a-1)(b-1)(c-1)=0$. 因此,其中一个因式等于 0,从而一个实数等于 1.

20. 由题知,线段 B_1C_2 是 Rt$\triangle AB_1B$ 的中线,因此 $AC_2=B_1C_2$,则 $\angle C_2B_1A=\angle BAC=30°$,于是 $\angle BC_2B_1=\angle BAC+\angle C_2B_1A=60°$(图 7.2). 类似地,$\angle AC_1B_2=30°$. 最后,$\angle C_1OC_2=180°-\angle BC_2B_1-\angle AC_1B_2=90°$. 证毕.

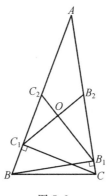

图 7.2

21. 若自然数 A 的最后 3 个数字是 1,2,5,则 A 可被 125 整除. 因此可以选取 $111\cdots11\,995\,125$(此表达式从 94 个 1 开始),它的数字和等于 125.

22. 将这堆砖头从上到下用数 $1,2,\cdots,N$ 编号. 然后按顺时针方向把它们写在一个圆上(图 7.3). 在第 1 次这样操作后,这堆砖头的顺序与圆上各数顺序相同,该顺序是按顺时针方向,从某个数开始读取. 第 2 步是把各砖顺序颠倒,这对应于按逆时针方向读取圆上的数. 由于圆上有 N 个数,并有 2 个读取方向,所以我们可以得出这堆砖头的 $2N$ 种可能排列. 此外,若所有的砖头有不同的颜色,则用所述操作可以恰好得出 $2N$ 种排列.

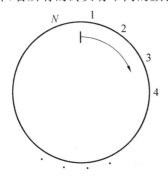
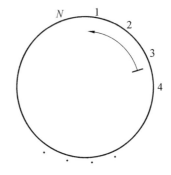

图 7.3

23. 这是正确的. 假设每天早上住在同一房间的 2 个人握手 1 次,则握手次数会逐天递减. 事实上,若某人口过多的房间的 $n(n\geqslant15)$ 个居民动身前往其他(不同)房间,那里已经有 $a_1,a_2,\cdots,a_n$ 个居民居住,则下一个早上的握手总次数将少于前一个早上的握手总次数,因为这个差等于 $n(n-1)/2-(a_1+a_2+\cdots+a_n)\geqslant15\cdot14/2-104=1>0$. 不等式 $a_1+a_2+\cdots+a_n\leqslant104$ 是以下事实的直接推论:整座住宅的人口数等于 119,于是 a_1+

$a_2+\cdots+a_n\leqslant119-n\leqslant119-15=104$. 因为握手总次数是正整数,不能无限次减少,所以这个过程一定会终止.

24. 我们将证明(b)部分,因为它蕴含(a)部分.证明可以通过对 n 进行归纳得出.归纳基础是平凡的,为了证明归纳步骤,考虑以下显然的不等式

$$\frac{1-x_1}{1+x_1}\cdot\frac{1-x_2}{1+x_2}=\frac{1-x_1-x_2+x_1x_2}{1+x_1+x_2+x_1x_2}\geqslant\frac{1-(x_1+x_2)}{1+(x_1+x_2)}$$

因为 $(a+e)/(b+e)\geqslant a/b$,若 a,b,e 是非负实数,且 $a\leqslant b$.去分母,则得

$$(a+e)b-(b+e)a=e(b-a)\geqslant0$$

利用这个方法,我们可以继续进行计算,如下所示

$$\frac{1-x_1}{1+x_1}\cdot\frac{1-x_2}{1+x_2}\cdot\cdots\cdot\frac{1-x_n}{1+x_n}\geqslant\frac{1-(x_1+x_2)}{1+(x_1+x_2)}\cdot\frac{1-x_3}{1+x_3}\cdot\cdots\cdot\frac{1-x_n}{1+x_n}\geqslant\frac{1}{3}$$

其中,最后的不等式由将归纳假设应用于 $n-1$ 个数 $x_1,x_2,x_3,\cdots,x_n$ 推出.

25. 用第 1 个方程减去第 2 个方程,得出 $(a-d)(b-c)=0$,它等价于 $a=d$ 或 $b=c$.若 $b=c$,则第 2 个与第 3 个方程可以改写为 $b(a+d)=-1,ad+b^2=-1$.因为 b 与 $a+d$ 是整数,所以有 $b=\pm1$,即 $b^2=1$,于是 $ad=-1-b^2=-2$.因此有 4 种情形:(a)$a=\pm2,d=\mp1$;(b)$a=\pm1,d=\mp2$.在情形(a)中,有 $a+d=\pm1,c=b=\mp1$.情形(b)给出 $a+d=\mp1,c=b=\pm1$.类似地,若 $a=d$,则我们将得到另外 4 个答案.最终,共有 8 个解,即

$$a=\pm2,b=c=d=\mp1$$
$$b=\pm2,a=c=d=\mp1$$
$$c=\pm2,a=b=d=\mp1$$
$$d=\pm2,a=b=c=\mp1$$

26. 设 $BC\geqslant AB$(图 7.4).在边 BC 和 BG 上分别取点 K 和 L,使 $BK=BL=AB$.然后分别作出 $\angle ABC$ 和 $\angle DBG$ 的角平分线 BM 和 BN.因为 $\angle ABC+\angle DBG=360°-\angle ABD-\angle CBG$,所以 $\angle ABC+\angle DBG=180°$,$\angle MBK+\angle NBL=90°$,$\angle MBN=\angle MBK+\angle NBL+\angle KBL=180°$,这意味着 M,B,N 三点共线.因为 $BM\perp AK,BN\perp DL$,所以 $AK/\!/DL$.利用条件 $AC/\!/DG$,得出 $K=C,L=G$,即 $\triangle ABC$ 是等腰三角形.

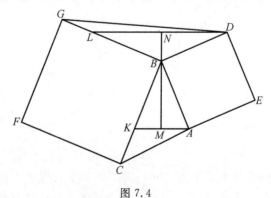

图 7.4

27. 题中方程可改写为

$$f(x)=(x-b)(x-c)+(x-a)(x-c)+(x-a)(x-b)=0$$

我们知道 $f(a)=(a-b)(a-c)>0,f(b)=(b-a)(b-c)<0,f(c)=(c-a)(c-b)>$

0.因此,二次方程 $f(x)=0$ 在区间 (a,b) 与 (b,c) 内至少分别有 1 个根.另外,$f(x)$ 又是二次多项式,所以它至多有 2 个根.由此推出要求的事实.

29.展开表达式 $(a+b+c)^{13}$,得出以下形式的各项和:$a^ib^jc^k$,其中 $i,j,k\geqslant0,i+j+k=13$.于是只需证明 $a^ib^jc^k$ 可被 abc 整除即可.显然,若 i,j,k 同时是正数,则不必加以说明.令 $k=0$.若 $j\geqslant4$,则 $a^ib^j=a^ib^{j-3}b^3$ 可被 abc 整除,因为 b^3 可被 c 整除.其他的情形 $(j\leqslant3;i\geqslant10)a^ib^j=a^{i-9}b^ja^9$ 也可被 abc 整除,因为 b^3 整除 a^9,c 整除 b^3.于是,我们尚未处理的唯一情形是 2 个指数为 0,例如,$j=k=0$.因此,有 $i=13,a^{13}=a^1a^3a^9$,显然它可被 abc 整除.

30.令 $ABCD-A'B'C'D'$ 是给定的平行六面体(图 7.5).考虑 $\triangle DA'B'$.由假设,$DB'=CA'$,从而 $OC=OA'=OD$,即 D,A',C 三点在圆心为 O 的圆上.特别地,$\angle CDA'=90°$,于是 $CD\perp DA'$.同理 $AB\perp AD'$,由 $AB\parallel CD$ 知,$CD\perp AD'$.从而 $CD\perp$ 面 $AA'D'D$.由此,可以用相同的方法证明每条棱都与对应的面垂直.

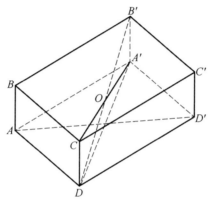

图 7.5

34.令 c 表示 $g(0)$,则 $f(x+c)=2x+5$.设 $z=x+c$,得 $f(z)=2(z-c)+5=2z-2c+5$.由假设,$2x+y+5=f(x+g(y))=2(x+g(y))-2c+5$,因此 $g(y)=y/2+c$.最后

$$g(x+f(y))=\frac{x+f(y)}{2}+c$$
$$=\frac{x+2y-2c+5}{2}+c$$
$$=\frac{x}{2}+y+\frac{5}{2}$$
$$=\frac{x+2y+5}{2}$$

35.答案是否定的.若 $ab=c^2$,则 2 作为素因子包含在具有指数的 a 与 b 中,它们同时是奇数或偶数.于是,若每 2 个相邻数之积是完全平方数,则可以立即推导出,2 作为素因子包含在圆上具有指数的各数中.它们全部对模 2 同余.另外,在给定的 100 个数中有奇数,于是对应的指数等于 0.类似地,有形如 $4k+2$ 的数,对应的指数等于 1.这与假设矛盾,证毕.

注 这个简单的问题会引出另一个更有趣的问题.假设给定的数是实数,每 2 个相邻数之积等于写在圆上的其他数的平方,则所有的数相等.这不是算术问题,它的证明比问题 35 要困难得多.

36. 令 $h=KN$ 表示棱锥的高,O 是半径为 r 的内切球球心(图 7.6).令 $\alpha=\angle OPN$,$a=AB$,则可在等边 $\triangle ANB$ 中计算出 $NP=\dfrac{\sqrt{3}}{2}a$,在 $\triangle ONP$ 中计算出 $\tan\alpha=\dfrac{ON}{NP}=\dfrac{2r}{\sqrt{3}a}$.

因为 PO 是 $\angle KPN$ 的角平分线,所以有

$$\tan\angle KPN=\tan 2\alpha=\frac{2\tan\alpha}{1-\tan^2\alpha}=\frac{4\sqrt{3}\,ar}{3a^2-4r^2}$$

$$h=KN=NP\tan 2\alpha=\frac{6a^2r}{3a^2-4r^2}$$

若 M 是半径为 $R=AM=KM$ 的外接球球心,则 $h=KN=KM+2ON=R+2r$,因此

$$\frac{6a^2r}{3a^2-4r^2}=R+2r$$

$$(R+2r)(3a^2-4r^2)=6a^2r \tag{$*$}$$

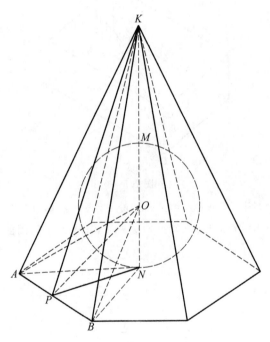

图 7.6

由勾股定理推出 $AN^2+MN^2=AM^2$,或 $a^2+4r^2=R^2$,$a^2=R^2-4r^2$.把这个表达式代入式($*$),得 $(R+2r)(3(R^2-4r^2)-4r^2)=6(R^2-4r^2)r$,或 $3R^2-6Rr-4r^2=0$,即 $3t^2-6t-4=0$,其中 t 表示比 R/r.解这个方程,得 $R/r=1+\sqrt{7/3}$.外接球球心为 N 的情形与前面的情形类似.此外,可以容易地检验,在两种情形中,R/r 的值恰好相同.

37. 作 $BM\perp AK$,$BN\perp AC$,$BP\perp KC$,如图 7.7 所示,令 $\alpha=\angle MAB=\angle BAC$,$\beta=\angle PCB=\angle BCA$,由 $\triangle AMB\cong\triangle ANB$ 知,$BM=BN$.类似地,$BP=BN$,从而 $MB=PB$.由 $\triangle KBM\cong\triangle KBP$ 推出 KB 是 $\angle AKC$ 的平分线.计算 $\angle ABK$ 的度数,我们发现

$\angle AKC=2\alpha+2\beta-180°$,$\angle AKB=\alpha+\beta-90°$,因为 $\angle KAC=180°-2\alpha$,$\angle KCA=180°-2\beta$.此外,$\angle ABK=180°-\angle KAB-\angle AKB=90°-\beta$.现在我们来求 $\angle ABO$ 的度数.令 $\gamma=\angle ABO$,则 $\angle BAC=\alpha$,$\angle ACO=\angle CAO=\alpha-\gamma$,$\angle OBC=\angle OCB=\beta-\alpha+\gamma$.因为 $\angle ABC=180°-\alpha-\beta=\angle ABO+\angle OBC=\gamma+(\beta-\alpha+\gamma)$,所以 $\gamma=90°-\beta$.这表明 $\angle ABK=90°-\beta=\angle ABO$,因此点 K,O,B 共线.

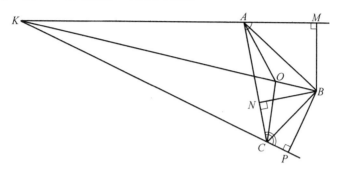

图 7.7

38.考虑数 $y_1=x_1-x_2$,$y_2=x_2-x_3$,$\cdots$,$y_6=x_6-x_1$.若这些差中有奇数个负数,则要证不等式显然成立.现在来处理另一种情形.因为 $y_1+y_2+\cdots+y_6=0$,所以在这个集合中有 2 个或 4 个负数.于是,我们可以假设恰有 2 个负数,否则可以由颠倒 x_i 的顺序来改变 y_i 的符号.此外,可以把 y_1 看作负数,因为可以变换计算.若 y_2 也是负数,则由 AM$-$GM不等式,有

$$y_1 y_2 \cdots y_6 \leqslant y_3 y_4 y_5 y_6 \leqslant \left(\frac{y_3+y_4+y_5+y_6}{4}\right)^4 \leqslant \left(\frac{1}{4}\right)^4 \leqslant \frac{1}{16}$$

若 $y_3<0$,则

$$y_1 y_2 \cdots y_6 \leqslant y_4 y_5 y_6 \leqslant \left(\frac{y_4+y_5+y_6}{3}\right)^3 \leqslant \left(\frac{1}{3}\right)^3 \leqslant \frac{1}{16}$$

$y_5<0$ 或 $y_6<0$ 的情形恰好可以用相同的方法来处理.最后,若 $y_4<0$,则

$$y_1 y_2 \cdots y_6 \leqslant (y_3 y_4)(y_5 y_6) \leqslant \left(\frac{y_3+y_4}{2}\right)^2 \left(\frac{y_5+y_6}{2}\right)^2 \leqslant \left(\frac{1}{2}\right)^2 \left(\frac{1}{2}\right)^2 = \frac{1}{16}$$

39.**解 1** 若取 $A=8\,001$,$B=4\,001$,则 A^m-B^n 与 $1-1=0$ 对模 $4\,000$ 同余,即它可被 $4\,000$ 整除.因为这个差不为 0(A^m 可被 3 整除,而 B^n 不可被 3 整除),所以我们可以推出不等式 $|A^m-B^n|\geqslant 4\,000$.

解 2 考虑 $A=98^2=9\,604$,$B=33^2=1\,089$,则

$$|A^m-B^n|=|98^{2m}-33^{2n}|=|(98^m-33^n)(98^m+33^n)|>8\,000$$

事实上,若 $m\geqslant 2$ 或 $n\geqslant 3$,则它可由明显的估计 $|98^m-33^n|\geqslant 1$ 与 $|98^m+33^n|\geqslant \max\{98^m,33^n\}$ 推出.我们可以用计算检验 $m=1,n=1$ 及 $m=1,n=2$ 这 2 种情形.

40.**证 1** 证明将通过对 N 进行归纳法得出.归纳基础是平凡的.现在,我们从任意城镇开始,按照行车法规环绕这个地区行驶,那么我们迟早会来到之前已经访问过的城镇.这样,我们就得到了由 k 个城镇组成的闭链(图 7.8).考虑这 k 个城镇和 S 条道路,这些道路把它们连接成一个大城市.于是,有一个由 $N-k+1$ 个城镇组成的系统,它被 $2N-$

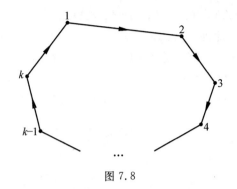

图 7.8

1－S条单行道连接起来.因为闭链本身包含 k 个城镇,所以可以推导出 $S=k$,否则($S>k$) 可能关闭这 $S-k$ 条道路中一条我们不能驱车前进的道路.因为 $2N-1-k\geqslant 2(N-k+1)-1$,所以可以利用归纳假设,关闭"新"的交通系统中的一条道路.显然,同一条道路可以在初始情况下关闭.

证2 首先,我们固定任意城镇 A.此外,考虑从 A 通往的所有城镇 $B_1,B_2,\cdots,B_n$.这些城镇与对应的道路组成一个系统,记作 T_1.然后考虑从 $B_1,B_2,\cdots,B_n$ 能到达的城镇 $C_1,C_2,\cdots,C_m$(除 B_i 与 A 外).把它们添加到系统 T_1 中,同时添加对应的道路——对每个增加的城镇添加一条道路(图 7.9(a)).于是得出系统 T_2.用这个方法继续下去,最后得出系统 T',它包含 N 个城镇与 $N-1$ 条道路(图 7.9(b)).

类似地,可以建立城镇与道路系统 T'',其中所有道路都是朝着 A 的方向(图 7.9(c)).这 2 个系统至多包含 $2N-2$ 条道路,因此我们可以找到一条不包含在这些系统中的道路.这条道路即是所求的道路.事实上,我们可以从任意其他城镇 Y' 开始,只沿着 T 与 T'' 中的道路行驶,到达其他任意城镇 X.实际上,利用系统 T'' 可以从 X 到达 A,然后利用系统 T' 可以到达 Y.

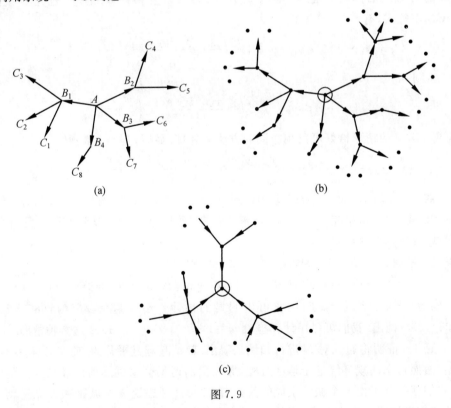

(a)

(b)

(c)

图 7.9

41. 显然四边形 $ABCD$ 是圆内接四边形. 于是 $\angle ADL + \angle AKL = 180°$. 这意味着

$$\angle BKL + \angle BCL = (180° - \angle AKL) + (180° - \angle ADL) = 180°$$

因此 $BCLK$ 是圆内接四边形. 于是,有

$$\angle ABL = \angle DCK$$

以及

$$\angle BLA = 180° - \angle ABL - \angle BAL = 180° - \angle DCK - \angle CDK = \angle CKD$$

42. 第 1 个人输了. 为了证明这一点,考虑函数 $v(n)$,它把自然数 n 变换成最大数 k,使 n 可被 2^k 整除. 此外,我们证明以下引理.

引理 若在第 2 个人取出火柴后的某个时刻,各堆火柴中有 m 根和 n 根,满足性质 $v(n) = v(m)$,则在第 1 个人取出火柴后,这个性质就不满足了.

证 设第 1 个人从第 1 堆火柴中取出 r 根. 因为 m 可被 r 整除,所以 $v(r) \leqslant v(m) = v(n)$. 若 $v(r) < v(n)$,则 $v(n-r) < v(n) = v(m)$,如上所述. 否则,若 $v(r) = v(n)$,则 $r = 2^k r_1, n = 2^k n_1$,其中 r_1 与 n_1 是奇数. 作减法,得 $n - r = 2^k(n_1 - r_1)$,它可被 2^{k+1} 整除,因为 $n_1 - r_1$ 是偶数. 所以, $v(n-r) \geqslant k + 1 > v(m)$,引理得证.

由此,我们可以提供第 2 个人获胜的策略. 若在他取火柴之前,各堆火柴中有 m 根与 n 根,且 $v(n) > v(m)$,则必须从具有 n 根火柴的那堆中取出 $r = 2^{v m}$ 根火柴. 这样做,他可以得到等式 $v(n-r) = v(m)$. 于是 $v(100) = v(252) = 2$,所以第 2 个人可以保持等式 $v(n) = v(m)$,而第 1 个人每次取出火柴都破坏了这个等式. 现在只需注意,只要在第 2 个人取出火柴后可以得出最后的情形 $m = n = 0$ 就够了.

43. 答案是否定的. 我们对每个字 A 指定 1 个数 $t(A)$ 如下:若 $A = a_1 a_2 \cdots a_n$,则 $t(A) = a_1 + 2a_2 + 3a_3 + \cdots + na_n$. 容易检查,若字 B 是由字 A 用一系列给定运算得出的,则 $t(B)$ 与 $t(A)$ 对模 3 同余. 因此只需观察 $t(01) = 2$,而 $t(10) = 1$ 就够了.

44. 是的,你可以相信他的话. 我们将利用归纳法来证明建立这种果园的可能性. 首先,选择长度等于 10 m 的单位. 令 $F(2)$ 是 1 个包含 2 棵梨树与 2 棵苹果树的果园,这些树位于单位正方形 $ABCD$ 的各顶点上——梨树在 A, C 上,苹果树在 B, D 上(图 7.10(a)). 从 $F(n)$ 开始,我们得到的布局 $F(n+1)$ 是 $F(n)$ 与 $F(n)+e$ 的并集,其中 e 是具有"一般方向"的单位向量. 这意味着,我们必须仔细地选择,以避免发生以下情况:在以某棵苹果树根基为圆心的圆上,有多于 $n+1$ 棵梨树,例如布局 $F(3)$,我们将不选取这样的 e,使点 $B+e$, B 和 C 在某个等边三角形的 3 个顶点上. 显然,有有限个这样的"糟糕情形". 因此,我们实际上可以用适当的方法进行选择. 于是,在 $F(n)+e$ 中必须改变的唯一事情是颠倒树的种类,即把苹果树变为梨树,反之亦然.

显然, $F(10)$ 服从第 1 个条件. 因此,我们可以建立最后的布局如下:考虑 $\odot O$ 及此圆上的点 $M_0, M_1, \cdots, M_9$,使 M_0 是 $F(10)$ 中某棵梨树的根基. 于是,我们可以把 $F(10)$ 转换为向量 $M_0 M_1$, $M_0 M_2$, $\cdots$, $M_0 M_9$,并在 O 上增加一棵苹果树来扩大整个布局(图 7.10(b)). 于是,我们得一个种了 $10 \cdot 1024 + 1$ 棵果树的果园,其中苹果树的数量等于 $10 \cdot 512 + 1$. 当然,单位圆上的点 M_i 是选在"一般位置"上的. 这个例子证实了男爵说的是实话.

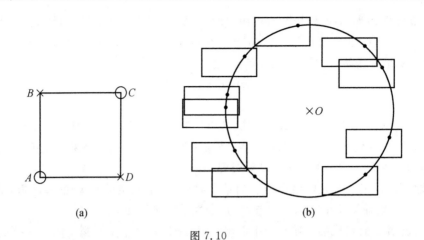

图 7.10

46.证1 令 A 是比任意其他兵都早回到初始方格的兵,可见在 1 s 钟前,每个给定的兵都至少移动了一次.事实上,若这不正确,则 A 不能逗留棋盘上所有的方格上.另外,在这个时刻,没有一个兵回到他的初始方格,因为 A 也没有回来.所以这个时刻就是所要求的时刻.

证2 给每个兵在时间轴上指定一个区间.也就是说,若 A 是任意一个兵,则 $L(A)$ 表示区间 $[s(A), f(A)]$,其中 $s(A)$ 与 $f(A)$ 分别是 A 开始移动与结束的时刻.此外,注意每两条线段 $L(A)$ 和 $L(B)$ 有一个非空交集.为了证明它成立,设 $f(A) < s(B)$,则当 A 通过棋盘的所有方格时,B 保持不动,这显然给出了矛盾.于是为了完成证明,我们只需应用著名的海利(Helly)定理于各条线段,该定理是说,若有一个线段的有限集合,其中每两条线段有非空交集,则在这条线段上存在一点 P 属于这个集合中的所有线段.

47.证1 令 $X = \dfrac{1}{a} + \dfrac{1}{b} + \dfrac{4}{c} + \dfrac{16}{d}$,则得

$$(a+b+c+d)X = 1 + \frac{a}{b} + \frac{4a}{c} + \frac{16a}{d} + \frac{b}{a} + 1 + \frac{4b}{c} +$$
$$\frac{16b}{d} + \frac{c}{a} + \frac{c}{b} + 4 + \frac{16c}{d} + \frac{d}{a} +$$
$$\frac{d}{b} + \frac{4d}{c} + 16$$
$$= 22 + \left(\frac{a}{b} + \frac{b}{a}\right) + 2\left(\frac{2a}{c} + \frac{c}{2a}\right) +$$
$$4\left(\frac{4a}{d} + \frac{d}{4a}\right) + 2\left(\frac{2b}{c} + \frac{c}{2b}\right) +$$
$$4\left(\frac{4b}{d} + \frac{d}{4b}\right) + 8\left(\frac{2c}{d} + \frac{d}{2c}\right)$$

括号中的每项均不小于 2(这可由不等式 $t + 1/t \geq 2$ 推出,其中 $t > 0$).因此

$$(a+b+c+d)X \geq 22 + 2 + 2 \cdot 2 + 4 \cdot 2 + 2 \cdot 2 + 4 \cdot 2 + 8 \cdot 2 = 64$$

证2 若 u 与 v 是正数,则 $\dfrac{1}{u} + \dfrac{1}{v} \geq \dfrac{4}{u+v}$,这可由去分母来检查:$(u+v)^2 \geq 4uv$ 或 $(u-v)^2 \geq 0$.应用这个不等式 3 次,即可得出要求的结果

$$\left(\frac{1}{a}+\frac{1}{b}\right)+\frac{4}{c}+\frac{16}{d} \geqslant \frac{4}{a+b}+\frac{4}{c}+\frac{16}{d}$$

$$\geqslant \frac{16}{a+b+c}+\frac{16}{d}$$

$$\geqslant \frac{64}{a+b+c+d}$$

48. 考虑为比赛提出的任意 2 个设计. 给第 1 个设计的加油站涂上红墨水,给第 2 个设计的加油站涂上蓝墨水,由假设,可以从给定的任意红色加油站 A 出发到达蓝色加油站 B. 类似地,可以从 B 出发到达红色加油站 C. 由此推出,可以从 A 开车到 C,于是 $A=C$,因为它们都是红色的. 现在把关系"可以从 A 到达 B"简记为 $A \rightarrow B$. 于是,我们已经证明了,若 $A \rightarrow B$,则 $B \rightarrow A$,其中 A,B 分别是任意的红色或蓝色加油站. 此外,若 $A \rightarrow B_1$, $A \rightarrow B_2$,其中 A 是红色的,B_1,B_2 是蓝色的,则 $B_1 \rightarrow A,B_2 \rightarrow A,B_1 \rightarrow A \rightarrow B_2$,因此 $B_1 \rightarrow B_2$, 这不可能. 显然,所有(红色或蓝色)加油站组成的集合是成对的——每对由红色和蓝色加油站组成,它们可以从一个加油站到达另一个加油站. 这就证明了红色加油站数量等于蓝色加油站数量.

49. 分别作出边 BC 和 AD 上的垂线. 直线 PP' 与 MN 相交于 X,显然 $\triangle CP'P \backsim$ $\triangle CBM, \triangle NPX \backsim \triangle NBM$(图 7.11). 此外,相似三角形的比例因子是相等的. 这意味着 $PP'=PX=P'X/2$. 而且从图中可以看出,$P'X \leqslant (BM+CN)/2$. 因为直线 $P'X$ 更接近梯形 $CNMB$ 中较短的底边. 因此 $PP' \leqslant (BM+CN)/4$. 类似地,不等式 $QQ' \leqslant (AM+DN)/4$ 成立. 但是折线 $Q'QPP'$ 的长度必定大于或等于 AB,从而 $PP'+PQ+QQ' \geqslant AB$. 因此

$$PQ \geqslant AB-PP'-QQ' \geqslant AB-\frac{BM+CN+AM+DN}{4} \geqslant AB-\frac{AB}{2}=\frac{AB}{2}$$

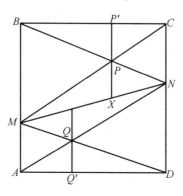

图 7.11

50. 令 K 是无穷多次出现在数列 $a_1,a_2,a_3,\cdots$ 中的最大数,令 N 是自然数,使得对 $i \geqslant N$ 有 $a_i \leqslant K$. 选取任意 $m \geqslant N$,使 $a_m=K$. 我们将证明 m 是这个数列的周期,使得对于所有 $i \geqslant N, a_{i+m}=a_i$. 设 $a_{i+m}=K$. 因为 a_i+a_m 可被 a_{i+m} 整除,所以有 $a_i=K=a_{i+m}$. 否则, 若 $a_{i+m}<K$,取 $j \geqslant N$ 使 $a_{i+j+m}=K$. 已知 $a_{i+m}+a_j$ 可被 $a_{i+j+m}(a_{i+m}<K,a_j \leqslant K)$ 整除. 于是 $a_{i+m}+a_j=K$,因此 $a_j<K$. 因为 $a_{i+j+m}=K$,所以 $a_{i+j+m}=a_{i+j}=K$(见上述),于是 K 整除 a_i+a_j. 类似地,$a_i+a_j=K$(因为 $a_j<K$). 因此 $a_{i+m}=K-a_j=a_i$.

53. 答案是 $100\sqrt{2}$ 米. 事实上,因为蜗牛恰好做 99 次左转弯,所以它的路程可以用这样的方式分为 100 部分(每部分包含整数米),使蜗牛在沿每个部分爬行期间只做右转弯,也许完全不转弯. 易见每部分各端点之间的距离不大于 $\sqrt{2}$(图 7.12(a)). 利用三角形不等式,得出蜗牛爬行的全部距离不大于 $100\sqrt{2}$ 米. 显然,这个估计是准确的,因为蜗牛的爬行路线如下:RLRLRL···RLRRRR···RRR(如图 7.12(b)所示),其中 B 表示爬行路程的起点,E 表示终点).

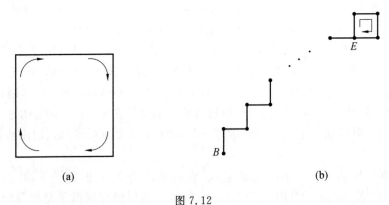

(a)   (b)

图 7.12

54. 令 $x=1\,000$,则 $F(F(1\,000))=1/F(1\,000)=1/999$,可以断定 F 的范围包含 999 与 1/999. 因此,由波尔查诺－柯西(Bolzano-Cauchy)定理知,存在实数 a 使 $F(a)=500$. 这意味着 $F(500)=F(F(a))=1/F(a)=1/500$.

57. 令 F 与 G 分别是从点 B 和 C 作出的高线足(图 7.13). 这两点在作出的 2 个圆上,因为 $\angle BFN=\angle MGC=90°$. 若射线 PH 与这 2 个圆分别相交于点 X 和 Y,则我们必须证明 $X=Y$. 应用割线定理 3 次,此定理说明圆中 2 条弦彼此分割的各部分的乘积相等. 于是,我们得到 $PH\cdot HX=CH\cdot HG=BH\cdot HF=PH\cdot HY$ 或 $HX=HY$,这意味着 $X=Y$. 第 2 个等式 $CH\cdot HG=BH\cdot HF$ 是 $\triangle GBH\backsim\triangle FCH$ 的直接推论.

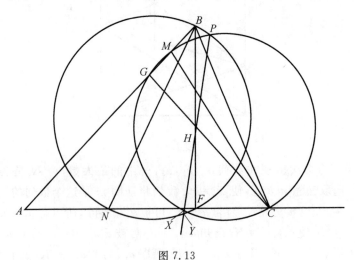

图 7.13

58. 我们从引理开始：

引理 若对每个实数 $x,P(x)+kP'(x) \geqslant 0$，则对每个实数 $x,P(x) \geqslant 0$．

证 设对某个 $y,P(y)<0$．从而，存在实数 a 使 $P(a)<0,P'(a)=0$．实际上，P 的次数是偶数，它的首项系数是正的，否则 $P+kP'$ 不可能总是正的．因此，可以取点 a，P 可以在 a 上得到它的最小值．因为 $P'(a)=0$，所以 $P(a)+kP'(a)=P(a)<0$，这个矛盾证明了引理．

把这个引理应用于多项式 $P-2P'+P''$，则它总是非负的，因为由假设，$P-2P'+P''+[P-2P'+P'']'=P-P'-P''+P''' \geqslant 0$．类似地，因为 $P-P'-[P-P']'=P-2P'+P'' \geqslant 0$，所以 $P-P'$ 也是非负的．第 3 次应用这个引理，即可得出要求的多项式 P 的性质．

60. 我们从引理开始：

引理 本题中给出的不等式对任意凸的中心对称多边形成立．

证 令 h_i 是 N 在 N 的第 i 条边垂线上的投影长（图 7.14(a)）．于是，有 $d_i h_i \geqslant S(N)$（S 表示面积），因此

$$\sum_{i=1}^{n} \frac{a_i}{d_i} \leqslant \sum_{i=1}^{n} \frac{a_i h_i}{S(N)} = \sum_{i=1}^{n} \frac{4S(OB_iB_{i+1})}{S(N)} = 4$$

可以在一般情形下证明左边的不等式：若 D 是 N 的直径（多边形各顶点间的最大距离），则

$$\sum_{i=1}^{n} \frac{a_i}{d_i} \geqslant \sum_{i=1}^{n} \frac{a_i}{D}$$

因为线段是联结两点的最短路径，所以多边形的周长大于它任意一条对角线或任意一条边长的 2 倍．

现在考虑给定的多边形 $M=A_1A_2 \cdots A_n$，其中 A_iA_{i+1} 是它的第 i 条边（由定义 $A_{n+1} \equiv A_1$）．令 $\boldsymbol{v}_k$ 表示向量 $\overline{A_kA_{k+1}}$．我们可以构成一个集合 $\{\boldsymbol{v}_1,\boldsymbol{v}_2, \cdots, \boldsymbol{v}_n, -\boldsymbol{v}_1, -\boldsymbol{v}_2, \cdots, -\boldsymbol{v}_n\}$．然后以这样的方法作出这些向量，使它们的起点与原点 O 重合，且按逆时针方向给它们编号：$\boldsymbol{u}_1=\boldsymbol{v}_1,\boldsymbol{u}_2=\boldsymbol{v}_2,\boldsymbol{u}_3=\boldsymbol{v}_3, \cdots, \boldsymbol{u}_{2n}=\boldsymbol{v}_{2n}$（图 7.14(b)）．此外，给各向量 $\boldsymbol{u}_1,\boldsymbol{u}_1+\boldsymbol{u}_2,\boldsymbol{u}_1+\boldsymbol{u}_2+\boldsymbol{u}_3, \cdots, \boldsymbol{u}_1+\boldsymbol{u}_2+ \cdots +\boldsymbol{u}_{2n}=\boldsymbol{0}$ 标号（图 7.14(c)）．我们可以看到，标号的点在凸多边形 N 的各顶点上，它们是中心对称的．此外，对 M 的每一条边存在 N 的 2 条边与之平等且相等．类似地，N 在平面的每条直线上的投影恰好是 M 在这条直线上投影的 2 倍．总结一

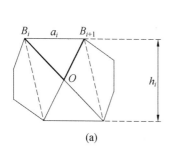

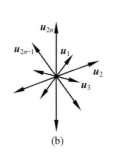

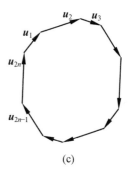

图 7.14

下,我们得到,表达式 $\sum_{i=1}^{n} a_i/d_i$ 的值对多项式 M 与 N 是相同的.因此,只需对中心对称多项式证明这个不等式就够了,而这已经在以上引理中完成了.

注 在非标准几何学中,这个不等式涉及另一个众所周知的事实.我们考虑平面上凸的关于原点 O 中心对称的图形 F.于是,任意两点 A 和 B 之间的"F 距离"的计算如下:作线段 $OX /\!/ AB$,其中 X 在 F 的边界上,计算比 AB/OX.这个新的距离 $|AB|_F$ 满足以下 3个基本条件:

(a) $|AB|_F = |BA|_F$.

(b) $|AB|_F \geqslant 0$,当且仅当 $A=B$ 时,$|AB|_F = 0$.

(c) $|AB|_F + |BC|_F \geqslant |AC|_F$.

前 2 个性质是显然的,第 3 个性质由 F 的凸性推出.由这个距离推广出的新几何学称为闵可夫斯基(Minkowsky)几何学.当然,若 F 是单位圆,则得出通常的欧几里得(Euclid)平面几何学.另外,我们可以看出,F 是这种几何学中的单位圆,它的边界是单位圆周.试图对几个例子计算它的长度,可以查明,它总在 6 与 8 之间,这是可以证明的.这意味着,对闵可夫斯基型的所有几何学,π 的值在区间 $[3,4]$ 中,本题的不等式是这个事实对非中心对称图形的推广.因此,另一个自然的问题就产生了:若 M 不是凸的,则这个不等式是否依然成立呢?

8 第55届奥林匹克解答(1989)

1.答案是 33 个问题.恰有 24 个问题,其中每个问题恰好包含在 1 个清单中,因为 k 个其他问题中每个问题属于多个清单,所以所有年级的问题总数量不少于 $24+2k$.但是这个数量等于 $6\times7=42$,这说明 $k\leqslant9$.另外,评审员显然能够编出包含 33 个不同问题的清单——它只要分别在以下年级清单中包含 3 个共同问题即可:5 年级与 6 年级,7 年级与 8 年级,9 年级与 10 年级.

2.显然,若把幸运电车票的前 3 个数字 a,b,c 变为 $9-a,9-b,9-c$,则我们得到的数的各位数字之和等于 27,反之亦然(例如,若 273 390 是幸运电车票,则 $(9-2)+(9-7)+(9-3)+3+9+0=27$).所考虑类型的车票之间的这个一一对应蕴含一组车票的数量等于另一组车票的数量.

3.请注意,若我们使用 k 个 1 型部件和 m 个 2 型部件组装成正规的闭合轨道,则 $k-m$ 必须可被 4 整除.这可用以下理由来阐明.选择在某个部件开始,沿着这个轨道以部件箭头所指方向行驶,直到回到被选出的地点.设想当我们沿着这个轨道行驶时,移动小箭头,使它垂直于轨道(更严格地说,垂直于轨道的切线),指向轨道外部(图 8.1).当我们沿 1 型部件行驶时,小箭头以顺时针方向转动 90°角,当沿 2 型部件行驶时,小箭头以逆时针方向转动 90°角.因此,它在顺时针方向做 k 次转动,在逆时针方向做 m 次转动.不失一般性,假设 $k\geqslant m$.因为箭头的开始位置与结束位置重合,所以我们断言,顺时针方向的 $k-m$ 次转动一定表示完全转动 360°的倍数角.而这表示 $k-m$ 可被 4 整除.证毕,由此我们立即看到,$(k-1)-(m+1)=(k-m)-2$ 并不是 4 的倍数.

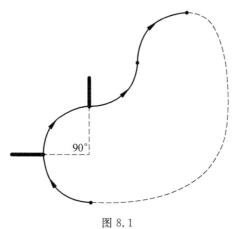

图 8.1

4.首先,把 32 块石头分为若干对,并进行 16 次称重,我们选取有 16 块石头的一组,其中包含 1 块最重的石头.其次,对被取出的那组石头做类似的操作,把被取出的石头数量减少为 8 块,依此类推.于是,在 5 个步骤中,利用 $16+8+4+2+1$ 次称重,即可确定最重的石头.现在应注意,第二重的石头一定是这 5 块石头中的 1 块,它与最重的石头在同一组中.因此为了完成解答,我们必须用 4 次称重从 5 块石头中找出最重的石头.现在,我们把这个非常简单的练习题留给读者.

5. 答案是 166 667 与 333 334.检验 166 667 333 334＝3·166 667·333 334.顺便说一下,这是唯一的答案.

6. 我们将先写符号的人称为"先手",他的对手称为"后手".现在,我们来证明"后手"在正确的游戏中获胜.他可以利用以下策略.如果他当前的行动可以获胜(即他能写出 3 个相同的符号),那么他必定能做到这一点.否则他必须把对手写的最后符号"颠倒",即把相反符号写在之前关于棋盘中心对称的方格中.所述的策略保证"先手"绝不会获得这场游戏的胜利(请检验它!),我们只需证明"后手"最终获胜.当"先手"在中心 2×2 的方格上第 2 次写出符号后,考虑棋盘中心 4×4 的方格,例如图 8.2 所示的情形(把所有符号颠倒).若具有黑色底角的方格被加号占用,则"先手"将获胜,但是我们知道这是不可能的.另外,若这个方格是空的,则"后手"可以在它上面写加号.于是,唯一有趣的情形是,具有黑色底角的方格包含减号.在这种情形下,若具有黑色上角的方格是空的或包含加号,则"后手"可以把减号或加号写进相关方格以结束这个游戏.剩下需要注意的是,具有黑色底角的方格不能包含减号,否则游戏就结束了.这些论证完成了解答.

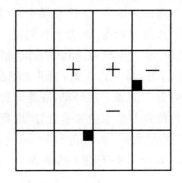

图 8.2

7. 见问题 1 的类似解答.答案是 28.

8. 本题的解答可由 $\triangle AME \cong \triangle KCB$ 直接推出,这是正确的,因为 $AM=KC, BK=AE, \angle EAK=\angle BKC$($\triangle AKE$ 是等腰三角形).

9. 见问题 4 的类似解答.

10. 用题中第 1 个等式减去第 2 个等式,得
$$0=a^2+2b^2-2bc-2ab+c^2=(a-b)^2+(b-c)^2$$
这意味着 $a=b=c$.用 a 代替第 2 个等式中的 b 和 c,由此给出 $a^2=100$.因此,答案是 $a=b=c=\pm 10$.

11. 我们来证明这是不可能的.棱柱至少有 2 个侧面不包含 101 边形的一条边,因为棱柱有 101 个侧面,且只有这种多边形的 99 条边.考虑任意一个这样的面,这个面的 2 条棱上所有数的和是奇数(因为它等于 99 个奇数之和,这些数中的每个数是写在 101 边形某一边(与边 1—101 不同)两端点上的数字之和,即 2 个连续自然数之和).因此,单独取

这 2 条棱的和不可能相等.

12.答案是 1 944($=2^3 3^5$).若某数 A 有大于 3 的素因子,则 $A \geqslant 5 \cdot 600 = 3\,000$.因此,只需研究形如 $2^k 3^m$ 的数,但是我们将这个任务留给读者.

13.注意 $(A + B/2)^2 + (B - A/2)^2 = A^2 + B^2 + A^2/4 + B^2/4 \geqslant A^2 + B^2$.由此得出,本题叙述的任意运算不减少这个集合中各数的平方和.此外,因为初始集合不包含 0,所以第 1 个运算必定增加这个和.由此我们推导出,在我们做任意次数的运算后,所得的集合不能与初始集合相同,因为这些集合中各数的平方和不相等.

14.聚会参加者的回答表明任何一个物理学家左边相邻的人是说谎者,任何一个说谎者右边相邻的人是物理学家.因此,物理学家的人数等于说谎者的人数,它显然是偶数.所以 K 是偶数.

15.因为 $\angle BOA$ 是 $\triangle AOD$ 的外角,所以有
$$\angle BOA = \angle OAD + \angle ODA = \angle OAD + \angle OAB = \angle BAD$$
于是,$CO = AD$,$AB = DO$ 意味着 $\triangle BAD \cong \triangle DOC$,$\angle ABD = \angle ODC$.因此 $AB \parallel CD$.

16.若 X, Y, Z 的绝对值大于 1,则 $X^2 + Y^2 + Z^2 > X + Y + Z \geqslant XYZ$.此外,令 $|Z| \leqslant 1$,则 $X^2 + Y^2 + Z^2 \geqslant X^2 + Y^2 \geqslant |XY| \geqslant XYZ$(不等式 $X^2 + Y^2 \geqslant |XY|$ 由不等式 $(X \pm Y)^2 \geqslant 0$ 推出).

18.保罗能得到要求的结果,并且我们通过对卷数进行归纳,提供了一个他的行动方案.归纳基础(1 卷书或 2 卷书)是平凡的.现在,假设我们知道 k 卷书情形下的适当方案.然后,为了实现 $k+1$ 卷书的所有安排,应该利用以下方案.选取第 1 卷书,保罗把它看作"新的"第 $k+1$ 卷书.现在利用 k 卷书的已知方案,他交换所有 k 卷其他的书,但是在每次交换后,被选出的第 $k+1$ 卷书必须从第 1 个位置移动到最后的位置,或者相反.保罗必须用被选出的那卷书与所有其他各卷书换位 k 次来完成这个交换.这个方法保证对第 $k+1$ 卷书有要求的结果.

19.若利用以下策略,则第 2 次移动棋子的人将赢得这个游戏.在每次移动时,他必须把棋子移动到这样的方格上,这个方格与他的同伴把棋子最后移到的方格关于棋盘中心对称.任意这样的移动满足题目要求的性质.因此,若第 1 个人能移动棋子,则第 2 个人也能移动棋子.剩下需要注意的是,这个游戏不能永远继续下去,因为棋盘各方格中心之间的不同距离的数量是有限的,因此移动长度只能有限次增加.所以第 1 个人做下一步移动将失败.

20.答案是肯定的.首先做以下观察:若把 5 个数 a, b, c, d, e 中的每个数乘以某数 X,X 可被 $a + b + c + d + e$ 整除,则得数 aX, bX, cX, dX, eX 之积 P 可被它们之和整除.于是
$$P = (abcde)X^5$$
$$= (aX + bX + cX + dX + eX) \cdot (abcde) \cdot X^3 \cdot$$
$$\left(\frac{X}{a + b + c + d + e} \right)$$

现在为了解答本题,我们只需任取 100 个不同自然数组成的集合,把其中每个数乘以从该集合中取出的 5 个数所有可能之和的积.由于以上观察,这就给出具有所求性质的一个集合.

21.已知方程组蕴含 $1/z=-1/x-1/y=-(x+y)/xy=z/xy$,即 $xy=z^2>0$.由此可见,所有的数 x,y,z 同号.因此它们的和不可能等于 0.

22.把 B 记作 $A+x$.则有等式 $A^2+1=(A+x)(A-x)+x^2+1$,这意味着 x^2+1 可被 B 整除.但是,若 $x\leqslant\sqrt{A}$,则 $x^2+1\leqslant A+1$,因为 $B>A+1$(若 $A>1$,则 A^2+1 不可被 $A+1$ 整除),所以 $x^2+1<B$,矛盾.

23.不失一般性,设 $OC\leqslant OA$,$OD\leqslant OB$,则关于以 O 为圆心的对称把 $\triangle OCD$ 映到 $\triangle AOB$ 的内部,点 M 映成点 K.但是,这只有当 $OC=OA$,$OB=OD$ 时才成立.最后 2 个等式显然意味着四边形 $ABCD$ 是平行四边形.

24.令 k 是至少包含 1 个兵的列数.将这些列中兵的数量记作 $a_1,a_2,\cdots,a_k$.于是,第 i 列中各个兵的重量和不大于 a_iM.由此得出,所有兵的重量和不大于 $a_1M+a_2M+\cdots+a_kM=M^2$,因此重量不少于 $10M$ 的兵的数量不大于 $M/10$.

25.把参赛人数记作字母 P,则对数 A,B(B 是整数,且大于 1),他们的得分分别是 $A,AB,AB^2,\cdots,AB^{P-1}$.注意,当 $B\geqslant2$ 时,$AB^{P-1}>A+AB+\cdots+AB^{P-2}=A(B^{P-1}-1)/(B-1)$.也就是说,获胜者得到的分数要多于比赛总分数的一半.这意味着,他需要参加的比赛次数多于总次数的一半,这在 $P\geqslant4$ 时是不可能的.因此,我们断言,P 只有 2 个可能值,即 $P=2$ 或 $P=3$.显然,在 $k=1\,989$ 和 $k=1\,988$ 这 2 种情形下,$P=2$ 是合适的值.

现证明当 $k=1\,989$ 时 $P=3$ 不合适.因为 3 个人参赛的获胜者的得分不能多于总分数的 $\frac{2}{3}$(他不参加 $\frac{1}{3}$ 的比赛次数),以上不等式在这种情形下给出 $B=2$.因此,各参赛者的得分分别是 $A,2A$ 和 $4A$,得出不可能的等式 $7A=A+2A+4A=3\cdot1\,989$(因为 A 是由数 1 和 $\frac{1}{2}$ 的和组成的,所以这个等式的右边可被 7 整除,但是 $1\,989$ 被 7 除时余数为 1).剩下的就是对 $k=1\,988$ 和 $P=3$ 提出比赛方案.我们把这个练习题留给读者来完成.

26.这对 K 的偶数值总是可能的,对 K 的奇数值不可能.首先,我们给出解答偶数 K 情形的简单方法.对给定直线编号 $1,2,\cdots,K$,按照以下规则表示它们的交点:(a)小于 K 号的 a 号与 b 号两直线交点的号数表示 $a+b$ 除以 $K-1$ 的余数(当然,只有唯一的例外,即用 $K-1$ 代替 0).(b)若所考虑的 2 条直线分别为 K 号和 a 号,则它们的交点号数表示 $2a$ 除以 $K-1$ 的余数.2 个相等号数不能放在同一条直线上,证毕.

奇数 K 的情形实际上是很简单的.由于每个数 1 用来表示 2 条直线的编号,所以我们可以断言,直线的总条数是偶数.解答完毕.

28.将 $\triangle ABC$ 的内切圆与各边的切点记作 E,D,K,M,两圆的公共点记作 O(图 8.3).令 $XD=XO=XK=a$,在线段 BM 和 BE 上分别取点 T 和 Y,使 $EY=MT=a$(顺便说一下,为什么这样的点在相应线段的内部呢?)于是,$AX=AY$,$CX=CT$.此外,$BY=BE-a=BO-a=BM-a=BT$,可见点 X,Y,T 是内切圆与 $\triangle ABC$ 三边相切的点.但是只有一个三点

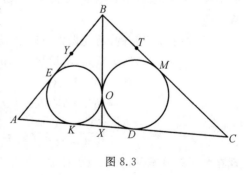

图 8.3

组可以具有这个性质.设 X',Y',Z' 是另一个这样的三点组,例如 $AX'<AX$,则

$$CT'=X'C>XC=TC$$

$$BT'=BY'=BA-AY'=BA-AX'>BA-AX=BA-AY=BY=BT$$

因此有

$$BC=CT'+BT'>CT+BT=BC$$

矛盾.

30.把星形的外部周长记作 P,五边形 $ABCDE$ 的周长记作 X.因为五边形的所有角相等,所以其中每个角都等于 $108°$.由此得出,所有的星形"束"是具有 $36°,72°$ 和 $72°$ 角的等腰三角形.因此,可以得出 $X+P=1,X=P\sin 18°$,由此推出 $X=1-1/(1+\sin 18°)$.

31.一个符合要求安排的例子如图 8.4 所示.

+	+	+	−	+	−	+	−	+	−
0	−	+	−	+	−	+	−	+	−
+	+	+	−	+	−	+	−	+	−
−	−	0	−	+	−	+	−	+	−
+	+	+	+	+	+	−	−	+	−
−	−	−	−	0	−	+	−	+	−
+	+	+	+	+	+	+	−	+	−
−	−	−	−	−	0	+	−	+	−
+	+	+	+	+	+	+	+	+	−
−	−	−	−	−	−	−	0	−

图 8.4

34.解答本题的关键是以下事实:若点 X 与 $\overset{\frown}{AB}$ 的中点 H 重合,则 KM 的长达到最大值.我们给出这个事实的 2 个解释.其中一个是可以考虑的"技术"解释,另一个是相当有创意的解释.

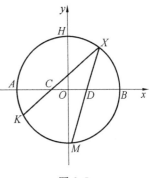

图 8.5

解释 1 我们可以假设给定的圆是单位圆,它的圆心在平面直角坐标系 xOy 的原点(图 8.5)上.只需证明,当 $\angle XOB$ 从 $0°$ 增加到 $90°$ 时(当点 X 沿着 $\overset{\frown}{BH}$ 移动时),$\angle CXD$ 的度数也变大.应用余弦定理于 $\triangle CXD$,写出 $\cos\angle CXD$ 的公式,即

$$\cos\angle CXD=\frac{CX^2+XD^2-CD^2}{2CX\cdot DX}$$

现在把 $\angle XOB$ 记作 ϕ,可见 CX 是点 $(-1/6,0)$ 与 $(\cos\phi,\sin\phi)$ 之间的距离,XD 在点 $(1/6,0)$ 与 $(\cos\phi,\sin\phi)$ 之间.因此

$$\cos\angle CXD=\frac{(\cos\phi+1/6)^2+(\sin\phi)^2+(\cos\phi-1/6)^2+(\sin\phi)^2-1/9}{2\sqrt{[(\cos\phi+1/6)^2+(\sin\phi)^2]\cdot[(\cos\phi-1/6)^2+(\sin\phi)^2]}}$$

$$=\frac{35/18}{2\sqrt{37/36-(\cos\phi)^2/9}}$$

这蕴含要求的结果.

解释 2 另一个解释是根据以下的想法.当 $\triangle CXD$ 外接圆的直径最大时,$\angle CXD$ 的度数最大.但是,因为任意这样的圆的一条直径在直线 OH 上,所以 $\triangle CHD$ 显然有最小外接圆.

现在,利用证明以下命题来完成解答:若 $X=H$,则 $5KM=3AB$.把线段 KM 的中点记作 P,则 $\triangle HOD \backsim \triangle HPM$,且

$$HP=\frac{1}{2}AB+\sqrt{\frac{1}{4}AB^2-\frac{1}{4}KM^2}$$

于是,令 $AB=1,KM=2a$,则有

$$\frac{HP}{PM}=\frac{\frac{1}{2}+\sqrt{\frac{1}{4}-a^2}}{a}=\frac{HO}{OD}=3$$

因此,$a=\frac{3}{10},KM=\frac{3}{5}$.

37.是的,我们可以定义 1 个满足要求性质的运算.令 $a*b$ 是数 a 与 b 的最大奇公因数(例如 $60*42=3$),则第 3 个性质显然成立.我们把检验第 1 个与第 2 个性质的工作留给读者.

38.展开给定的表达式并求和,得 0,这与所有表达式同时为正数相矛盾.

40.以下不等式对数对 (x,y) 是满足的,其中 (x,y) 属于所讨论的集合且对应于数 $A,B:x \geqslant B,B^2 \geqslant y,$ $x \geqslant A^2,A \geqslant y$.因此,我们断定,必要条件为 $x^2 \geqslant y,x \geqslant y^2$.另外,若数 x,y 用不等式 $x^2 \geqslant y$ 与 $x \geqslant y^2$ 联系起来,则可求出所要求的数 A 和 B;例如 $A=y,B=x$.答案如图 8.6 所示.

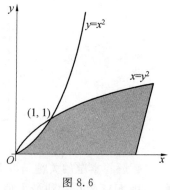

图 8.6

41.我们将证明,与棱锥最短棱相邻的 2 个面全等.令 OB 是最短侧棱,A,C 是底面上与 B 相邻的 2 个顶点(图 8.7).在棱 OA 上取点 D,使 $DB=AB=BC$(这样的 D 一定在线段 OA 的内部).注意,$\angle OAB$ 与 $\angle OCB$ 是锐角,它们在相应的三角形中,对边是 OB,且 $OB \leqslant OA,OB \leqslant OC$.因为 $\angle ODB=180°-\angle OAB$,所以 $\angle ODB$ 是钝角.接下来需要注意的是,$\triangle OBC$ 不是全等于 $\triangle OAB$ 就是全等于 $\triangle ODB$,因为对于在射线 OA 上且不同于点 D,A 的任意点 $X,BX \neq BC$.但是,正如我们看到的,$\angle ODB \neq \angle OCB$,这就留下了唯一的可能性,即 $\triangle OAB \cong \triangle OCB$.

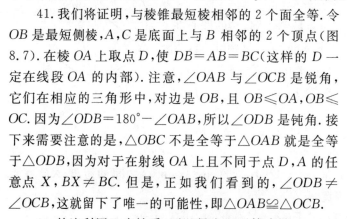

图 8.7

44.轮流利用 2 个性质,可以得出以下等式链

$$(A*B)*C=-(C*(A*B))$$
$$=-((C*A)*B)$$

$$=B*(C*A)$$
$$=(B*C)*A$$
$$=-(A*(B*C))$$
$$=-((A*B)*C)$$

由此得出,对任意整数 A,B,C,表达式 $(A*B)*C=0$. 此外,因为对于 A,B,任意 X 可以表示为 $A*B$,所以我们断定,对于任意的 X 和 C,$X*C=0$,这给出明显的矛盾.

47. 令 t 是给定多项式 $Ax^2+(C-B)x+(E-D)$ 的实根的平方根,则 $t>1$ 且 $At^4+(C-B)t^2+(E-D)=0$,即 $At^4+Ct^2+E=Bt^2+D$. 把上式的左边与右边分别记作 K 和 M,把多项式 $Ax^4+Bx^3+Cx^2+Dx+E$ 记作 $f(x)$,则有 $f(t)=K+tM$ 和 $f(-t)=K-tM$. 因为 $K=M$,$t>1$,所以 $f(t)$ 和 $f(-t)$ 具有不同的符号. 因此,由波尔查诺—柯西定理,$f(x)$ 在区间 $[-t,t]$ 上有实根.

48. 把 $\triangle MBC$ 的外心记作 O,则

$$\angle BOC = \angle BOM + \angle MOC$$
$$= 180°-2\angle BMO+180°-2\angle CMO$$
$$= 360°-2\angle BMC$$
$$= 180°-\angle CAB$$

这意味着四边形 $ABOC$ 是圆内接四边形. 现在需要注意,AM 是 $\angle BAC$ 的平分线,因为 $BO=OC$;还需注意 CM 是 $\angle ACB$ 的平分线,因为 $\angle BCA=\angle BOM=2\angle BCM$. 因此,$M$ 是 $\triangle ABC$ 的内心.

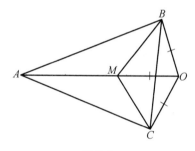

图 8.8

49. 通过对 N 进行归纳来证明要求的不等式. 归纳基础($N=2$)是平凡的,因为公比为 $1/2$ 的无穷等比数列的和 $1+1/2+1/4+1/8+\cdots$ 等于 2. 设不等式对任意 $k<N$ 成立,证明它对 $k=N$ 也成立. 让我们把给定的数集分为 2 个子集:素因子不大于 $N-1$ 的数及其他数(当然,若 N 是合数,则第 2 个子集是空集). 把第 2 个子集中的各数记作 b_1,$b_2,\cdots,b_m(\{b_1,\cdots,b_m\}\subset\{A_1,\cdots,A_n\})$. 显然,只需证明 $\sum_{i=1}^{m}1/b_i$ 不大于 1 就够了. 我们可以断言,这个和不大于 $S\cdot\sum_{i=1}^{k}1/N^i$,其中 S 是以下这些数的倒数有限和,这些数的素因子不大于 $N-1$,且 k 是第 2 个子集的各数中 N 的最大幂. 因此

$$S\cdot\sum_{i=1}^{k}\frac{1}{N^i}=S\cdot\frac{1}{N}\cdot\frac{1-1/N^k}{1-1/N}<S\cdot\frac{1}{N-1}\leqslant(N-1)\cdot\frac{1}{N-1}=1$$

(在最后的不等式中,我们再次利用了 $k=N-1$ 的假设).因此,得到的第 2 个子集中各数之和的估计就证明了归纳步骤.

50.假设相反情况,即可以如题目所述那样把各数放在各方格上.令 2^n 是各行中各数的最小和,则 $2^n \geqslant 1+2+\cdots+k=k(k+1)/2$,且 2^n 显然整除总和 $1+2+\cdots+k^2=k^2(k^2+1)/2$.数 $k^2(k^2+1)/2$ 是奇数,若 k 是奇数.因此,我们断定 k 是偶数.但是,在这种情况下,2^n 应该整除 $k^2/2$,它小于 $k(k+1)/2$,而 $k(k+1)/2 \leqslant 2^n$,矛盾.

51.再次利用找矛盾来证明.假设所提出的断言是不正确的.我们可以这样做,使相同颜色的 2 个兵绝不出现在相邻方格上.在任意时刻,有一行与一列完全放满兵,由假设,这些兵有相同的颜色,即在整个重新涂色期间,有 19 个兵发生"单色交叉".我们知道,开始时,这个交叉是白色的,结束时它应该变为黑色.这意味着,只有在白色交叉出现后,某个兵重新涂色将在棋盘上出现黑色交叉.但是,这显然是不可能的,因为棋盘上的任意 2 个交叉至少要有 2 个共同的方格.

52.首先,我们可以假设长为 1 和 8 的边在具有最大面积的四边形中是相邻的,因为如果它们不相邻,那么我们可以沿着任意一条对角线切割这个四边形,并把所得的一个三角形翻转(图 8.9).显然,具有边长 1 和 8 的三角形的面积不大于 $1/2 \cdot 1 \cdot 8=4$,另一个三角形的面积不大于 $1/2 \cdot 4 \cdot 7=14$(利用边长为 A 和 B 的三角形面积公式 $1/2 \cdot AB\sin \alpha$).所以四边形的面积不大于 $14+4=18$.剩下需要注意的是,$1^2+8^2=4^2+7^2$,因此可用 2 个直角三角形连接它们的斜边组成四边形.

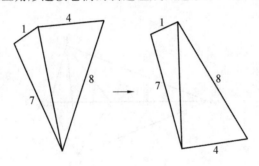

图 8.9

53.我们必须承认,评审团在这里犯了一个错误——选择数 19 891 989 稍微破坏了这个题目.原来大多数参赛者都找到了几乎很平凡的(对淘汰阶段)解答,而评审团成员却把这个问题看成十分困难的,因为他们只知道一个十分困难的解答.例如,我们应当利用数 19 881 988 推出 2 个解答——一个是对 19 891 989 情形的简单解答,另一个解答是对大于 6 的任意数做出的.

解 1 第 1 个人有非常简单的获胜策略.若他每次写数都加上 1,则他将获胜.在他写数后的得数一定是奇数,且比之前的数(他的对手得出的数)恰好大 1,而第 2 个人在他写数后总是留下偶数.因为 19 891 989 是奇数,所以这意味着第 1 个人不能把小于 19 891 989 的数变为大于 19 891 989 的数.

解 2 游戏开始就完全确定了:2→3→4.假设第 2 个人获胜.在第 1 个人移动 4→5 后,第 2 个人必须移动 5→6.这意味着得到数 6 的人将获胜.但是第 1 个人得移动 4→6 才能得出 6,矛盾.

注 我们希望读者能体会到解 2 的独创性.

54.答案是 56.我们首先指出,56 个字组成的集合是这样的,使任意其他字是这个集合中 1 个字的同义词.对于 $a,b \geqslant 0$,考虑看起来像 $1_a 0_b 1 0_{9-a-b}$ 的 55 个字(其中 d_r 表示数 d 重复 r 次)与字 0000000000(顺便说一下,检查一下这些字的数量保证没有错误).

我们必须证明,利用一些所叙述的运算,任意 1 个字可以变换成上述形式的 1 个字.若在所考虑的字中少了 2 个数字 1,则没有什么可证明的.否则,我们找到第 2 个(从左边起)数 1,把这个字的第 1 部分颠倒,使这个数字成为这个字的第 1 个数字.这是允许的,因颠倒部分中的数字和等于 2.因此,若在最后 9 个数字中多了 1 个数字 1,则可以把其中 1 个数字放在第 2 个位置,重复以上运算.显然,我们迟早会得到要求类型的字.用下例说明所叙述的过程,其中每次把这个字的画线部颠倒

$$0010100010 \rightarrow 1 010000010 \rightarrow 1100000100$$

于是,我们需要证明的是只有在 $a=c$ 和 $b=d$ 时,字 $1_a 0_b 1 0_{9-a-b}$ 和 $1_c 0_d 1 0_{9-c-d}$ 才有相同意义.注意,允许的运算不改变这个字中数字 1 的个数,这蕴含等式 $a=c$ 的必要性.进一步,定义字的以下特征:0 的个数,其中每个 0 满足以下性质:1 个字中 0 的右边数字之和是奇数.不难断定这个特征不能被所考虑的特征所改变,因此只有在 2 个字的特征相同时,这 2 个字才有相同意义.但是被研究的 2 个字的特征是什么呢?显然,它们分别等于 b 和 d.所以等式 $b=d$ 也是必要的,证毕.我们能找到 56 个不同的字,它们包含特卢拉拉语言中的所有可能的意义.

55.琼斯教授可以达到他的目的.我们来证明 15 个学生就足够使史密斯教授看不到他的反射影像.把大厅看作平面上的正方形,并引入平面直角坐标系,使原点在大厅中心,墙的长度等于 2.把史密斯教授所站的点的坐标记作 (x_0, y_0),为方便起见,设 $x_0 \geqslant 0, y_0 \geqslant 0$,则琼斯教授将把学生们安置在坐标为 (a,b) 的点上,使 $a \in \{x_0, -x_0, 1, -1\}, b \in \{y_0, -y_0, 1, -1\}$,当然除了点 (x_0, y_0) 本身(图 8.10(a)).为了证明史密斯教授确实看不到他的反射影像,我们可以利用以下作图.整个平面被大厅反射的影像所覆盖,其中影像是关于它的墙(正方形的边)中心对称的.如图 8.10(b)所示的例子,其中点表示史密斯教授的影像,星号表示学生们的位置.现在,联结史密斯与史密斯的任意一条光线,该光线被原来大厅的各墙多次反射,用折线表示,可以拉直成一条线段,它联结史密斯教授站在原来大厅的位置与他的影像位置这两点.折线拉直步骤是显然的——当新的光线在它的通道上遇到墙时,它不被墙反射,而是通过大厅相邻的影像.因此,我们必须证明,在联结 2 个史密斯点的任意一条线段上,至少可以找到 1 个星号.只需考虑在他们内部不包含史密斯各个影像的线段即可.那么平面上哪些坐标可以表示以上线段上的点呢?容易指出,史密斯的位置有形如 $(2k+(-1)^k x_0, 2m+(-1)^m y_0)$ 的坐标,其中 k,m 是任意 2 个整数.我们断言,联结点 (x_0, y_0) 和点 $(2k+(-1)^k x_0, 2m+(-1)^m y_0)$ 的任意一条线段的中点是星号.任意这样的中点坐标有以下 4 种形式:$(k,m),(k+x_0,m),(k,m+y_0),(k+x_0,m+y_0)$,我们可以看到,其中每个形式都能够用平面上 1 个标记点表示.但是,这个点不能是史密斯教授的影像,因为这与所考虑线段的性质相矛盾.

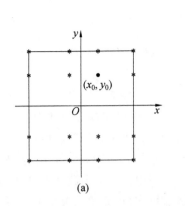 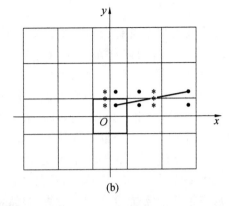

图 8.10

57. 为了顺利解答本题,我们注意,10^7 除以 239 的余数等于 1,这可以容易地用直接计算来证明. 由此证明了给定的 70 000 000 位数与构成它的所有个位数的和被 239 除有相同的余数. 最后的和等于 $1+2+\cdots+9\ 999\ 999=10^7(10^7-1)/2$,从而可被 239 整除.

注 事实上,10^7-1 是 239 的倍数的想法并不需要太大的想象力. 题目断定,给定的数可被 239 整除并不依赖于构成它的 7 位数的顺序,因此任意 2 个这样的 70 000 000 位数一定是 239 的倍数. 只按顺序求最后 2 个 7 位数之差,我们立即可以断言 10^7-1 一定是 239 的倍数.

58. 通过对 k 进行归纳来证明,前 k 行中的各数都是整数,$k=1$, $2,\cdots$. 我们可以断定,前 4 行中的所有数都是整数,现在为了证明第 k 行($k>4$)中某数 x 是整数,我们需要考虑前 4 行中的一些数,如图 8.11 所示. 由归纳假设知,这些数是非零整数. 因为 $bc=ae+1,de=bg+1,ef=ch+1$,所以有

$$gh=(ae+1)gh-aegh$$
$$=bcgh-aegh$$
$$=(de-1)(ef-1)-aegh$$
$$=e(def-f-d-agh)+1$$

a

$b\quad c$

$d\quad e\quad f$

$g\quad h$

x

图 8.11

另外,$gh=ex+1$,可见 $x=def-f-d-agh$,即 x 是整数.

60. 把给定的表达式 $2(X^3+Y^3+Z^3)-(X^2Y+Y^2Z+Z^2X)$ 改写成 $(X^3+Y^3-X^2Y)+(X^3+Z^3-Z^2X)+(Z^3+Y^3-Y^2Z)$. 我们来证明上式中的每个被加数都不大于 1,这蕴含要求的估计. 例如,考虑 $X^3+Y^3-X^2Y$. 若 $X>Y$,则 $Y^3-X^2Y<0$. 此外,$X^3-X^2Y\leqslant0$. 因为 X,Y 都不大于 1,所以推出 $X^3+Y^3-X^2Y$ 不大于 1,显然这对其他 2 个被加数也成立.

61. **证 1** 记 $\angle MAO$ 和 $\angle NCO$ 分别 α 和 β(图 8.12). 将等式 $AM+AN=CM+CN$ 平方,得

$$AM^2+AN^2+2AM\cdot AN=CM^2+CN^2+2CM\cdot CN$$

进一步,应用余弦定理于 $\triangle AMN$ 和 $\triangle CMN$,有

$$AM^2+AN^2-2AM\cdot AN\cos\alpha=CM^2+CN^2-2CM\cdot CN\cos\beta$$

这个等式的两边都等于 MN^2. 于是，我们可以得出重要的关系式

$$AM \cdot AN(1+\cos \alpha)=CM \cdot CN(1+\cos \beta)$$

这个关系式之后将会用到. 我们从有关线段 AO, AB, CO, CB 开始. 对 $\triangle AOB$ 和 $\triangle BOC$ 应用余弦定理，得

$$AO^2+AB^2-2AO \cdot AB\cos \alpha=CO^2+CB^2-2CO \cdot CB\cos \beta$$

由此得出要求的等式 $AO+AB=CO+CB$，我们必须证明关系 $AO \cdot AB(1+\cos \alpha)=CO \cdot CB(1+\cos \beta)$ 成立. 因此必须证明

$$\frac{AO \cdot AB}{AM \cdot AN}=\frac{CO \cdot CB}{CM \cdot CN}$$

这样就完成了证明. 对 $\triangle AMO, \triangle NOC, \triangle ANB, \triangle BMC$ 写出正弦定理

$$\frac{AO}{AM}=\frac{\sin\angle AMO}{\sin\angle AOM}$$

$$\frac{CO}{CN}=\frac{\sin\angle ONC}{\sin\angle NOC}$$

$$\frac{BC}{MC}=\frac{\sin\angle BMC}{\sin\angle MBC}$$

$$\frac{AN}{AB}=\frac{\sin\angle ABN}{\sin\angle BNA}$$

因为 $\sin(180°-x)=\sin x$，所以 $\sin\angle BNA=\sin\angle ONC$，$\sin\angle BMC=\sin\angle AMO$. 又因为 $\angle AOM=\angle NOC$，所以 $\sin\angle AOM=\sin\angle NOC$. 因此，上述关系蕴含所证的等式.

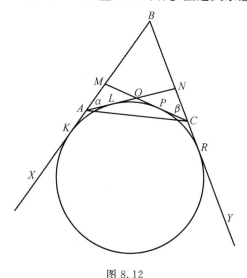

图 8.12

证 2　实际上，等式 $AM+AN=CM+CN$ 和 $AO+AB=CO+CB$ 等价于以下断言：可以在"四边形" $XAOCY$ 中作一个内切圆（图 8.12）（我们用引号是因为这个四边形是无限的，这里点 X 和 Y 不是它的顶点，它们是在相应射线上选出的任意两点）. 为了避免过多地重复长的符号，我们引入以下陈述：分别在边 AB 和 BC 上取的点 M, N 称为正确点对，如果在由这样取出的点 M, N 构成的四边形 $XAOCY$ 中有一个内切圆. 我们首先证明 $AM+AN=CM+CN$ 蕴含点 M, N 构成的正确点对，这可作为以下事实的结果而推导出

来：

（a）线段 BC 上的定点 N 确定位于线段 AB 上的唯一一点 M，使 M,N 是正确点对. 然后，我们可由观察推出，"三角形"$XANY$ 中存在一个内切圆，圆心是 $\angle XAN$ 与 $\angle ANY$ 的平分线的交点.

（b）线段 BC 上的定点 N 在线段 AB 上至多确定一个满足 $AM+AN=CM+CN$ 的点 M.

证 假设存在这样的两点 M_1 与 M_2，则有
$$AM_1+AN=CM_1+CN \qquad \text{①}$$
$$AM_2+AN=CM_2+CN \qquad \text{②}$$

于是，由②－①，得
$$CM_2-CM_1=AM_2-AM_1=M_2M_1$$

但是，应用三角形不等式于 $\triangle CM_1M_2$ 给出 $CM_2-CM_1<M_2M_1$.

（c）若分别在线段 AB,BC 上的点 M,N 构成正确点对，则 $AM+AN=CM+CN$.

证 现在把这样取出的点 M,N 对应的四边形的各边与内切圆的切点记作字母 K，L,P,R（图 8.12）. 于是有 $AK=AL,LO=PO,PC=CR,MK=MP,NL=NR$. 因此
$$\begin{aligned} AM+AN &=MK-AK+AL+LN\\ &=MK+LN=MP+NR\\ &=MP+PC-CR+NR\\ &=CM+CN \end{aligned}$$

现在，这 3 个陈述说明，若 $AM+AN=CM+CN$ 对在线段 AB,BC 上的点 M,N 成立，则 M,N 构成正确点对，否则求出不同于 M 的某点 M' 与 N 构成正确点对，我们将有 $AM'+AN=CM'+CN$，这与上面的事实（b）矛盾.

因此，为了完成解答，我们必须证明，若点 M,N 构成正确点对，则 $AO+AB=CO+CB$ 是成立的. 这个证明类似于上面事实（c）的证明，我们把它留给读者来完成.

注 第 2 个证明也许看来很长，这是由于我们企图提供基本的几何考虑. 我们希望强调的是，用第 3 个不明显的断言（它等价每个断言）来证明 2 个给定断言等价性这个想法是具有无可置疑的益处的.

62. **证 1** 首先，假设有 1 个 N，使得除 a_n 外，数列 $\{a_n\}$ 的所有项都是负的，则对 $k>N$，有
$$a_{k+1}=\frac{ka_k+1}{k-a_k}=a_k+\frac{a_k^2+1}{k-a_k}\geq a_k$$

由此 $a_k\geq a_N, a_{k+1}\geq a_k+1/(k+|a_n|)$. 因此
$$a_{N+m+1}\geq a_N+\frac{1}{N+|a_N|}+\frac{1}{N+|a_N|+1}+\cdots+\frac{1}{N+|a_N|+m}$$

众所周知，当 n 很大时，形如 $1+1/2+1/3+\cdots+1/n$ 的和无限增加. 特别地，显然得出的和 $1/(N+|a_N|)+\cdots+1/(N+|a_N|+m)$ 大于 $|a_N|$. 所以 a_{N+m+1} 变为正的，这与开始的假设矛盾.

现在，假设相反情况，从某数 N 开始，数列 $\{a_n\}$ 的所有项都是正的，则 $a_{k+1}\geq$

$a_k + 1/k$,这意味着,这个数列无限增加. 考虑数 $m, a_m > 2$. 当 $k \geqslant m$ 时,$a_{k+1} \geqslant a_k + a_k^2/k$. 令 $b_k = a_k/k$,则 $b_{k+1}(k+1) \geqslant kb_k + kb_k^2$,即

$$b_{k+1} \geqslant \frac{b_k(k+a_k)}{k+1} \geqslant \frac{b_k(k+2)}{k+1}$$

所以

$$b_{k+m} \geqslant b_k \frac{k+2}{k+1} \cdot \frac{k+3}{k+2} \cdot \ldots \cdot \frac{k+m+1}{k+m} = \frac{b_k(k+m+1)}{k+1}$$

我们看到,选择充分大的 m,可得 $b_{k+m} > 1$. 但这意味着 $a_{k+m} > k+m$,而这等价于 a_{k+m+1} 是负的. 由所得到的矛盾完成了证明.

证 2 考虑以下数列:$b_1 = \arctan a_1, b_{k+1} = b_k + \arctan 1/k$. 于是,利用公式

$$\tan(x+y) = \frac{\tan x + \tan y}{1 - \tan x \tan y}$$

可以证明 $a_k = \tan b_k$ 对任意 k 成立. 现在,利用(无须解释)事实:当 $k \to \infty$ 时,$\lim(\arctan(1/k)/(1/k)) = 1$,这意味着,当 k 无限增大时,级数 $\sum\limits_{k=1}^{\infty} \arctan(1/k)$ 的各项趋于 0. 也可以看出,这个级数本身是发散的(粗略地说,$1/k$ 与 $\arctan(1/k)$ 在 $k \to \infty$ 时的等价性意味着级数 $\sum\limits_{k=1}^{\infty} \arctan(1/k)$ 的性质与众所周知的级数 $\sum\limits_{k=1}^{\infty} 1/k$ 的性质相同). 令 A 是形如 $(2\pi m, 2\pi m + \frac{\pi}{2})$ 的各个区间的并集,B 是形如 $(2\pi m + \pi/2, 2\pi m + \pi)$ 的各个区间的并集,其中 m 是整数. 利用以上事实,可以推导出 A 与 B 都包含数列 $\{b_i\}$ 的无限多项. 但是,若 b_k 属于 A,则 $a_k = \tan b_k > 0$,若 b_j 属于 B,则 $a_j = \tan b_j < 0$.

注 当然,第 2 个证法比第 1 个证法更加"科学",要求具有一定的分析学知识. 但是,它是优美的,难道不是吗?

63. 我们对所有 k 值(小于 100)证明这是可能的,使 $k+1$ 不可被 8 整除. 首先,我们引入一些之后要用的概念. 我们称弧在圆上的排列是 k 正确排列,如果对于数 k 中,它满足题目所述的条件,即这个排列的每条弧恰好与 k 条其他弧相交. 我们的主要目的是,证明 k 正确排列只对这样的 k 值才成立,使 $k+1$ 不可被 8 整除. 此外,使所有弧朝向顺时针方向,且在圆上标出各弧的端点. 因此,所有标记点可以分为两类:"起点"类与"终点"类(各条弧是定向的). 现在,我们可以称某种排列是标准排列,如果它的任意标记点至少是一条弧的起点. 我们的第一步是,证明任意一个 k 正确排列可以变换为标准的 k 正确排列. 若是这样,则可以进一步只研究标准的 k 正确排列,即若我们能证明,对某个 k 值,不存在标准的 k 正确排列,则这个断言将立即暗示 k 正确排列不存在.

现在描述获得标准 k 正确排列的允许程序. 现有一个任意的 k 正确排列,我们任取一点,这个点是终点而不是起点,然后按逆时针方向沿着这个圆拉动这个点,直到遇见第一个起点. 在至少只有一个终点而不是起点时,执行这个操作,我们最后会得到这个标准排列(注意"标准化"操作可以导致零长度的弧,但我们只需记得这些弧实际上是存在的即可). 值得注意的是,若两条弧在开始的排列中相交(或不相交),则它们在新的排列中相交(或不相交). 这表示所述的操作保持 k 正确排列这个性质,因此,我们现在只需讨论标准

排列.为了进一步方便,我们再执行一个操作,即若一条弧完全覆盖另一条弧,则缩小其中较大的弧,使它与较小弧重合.在可能的情形下,重复这个操作,注意,我们不再影响 k 正确排列的性质.

现在详细讨论准备好的排列,我们可以把一定数量的弧长与此排列的每个弧长联系起来,这些弧长是按照此排列的标记点分此排列所得部分的数量测量的.考虑圆上 2 个相邻点 M,M' 和从这两点开始的任意两条弧(图 8.13).我们看到,起点在 M' 上的弧长不小于另一条弧的长度(否则,它将完全被另一条弧覆盖,且不与它重合,但是我们已经排除了这样的情形).重复这个证明,得出的封闭不等式链意味着所有的弧长相同.把圆上各点记作 $M_1,M_2,\cdots,M_n$(因此按照顺时针方向).从这些点开始

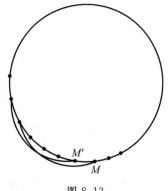

图 8.13

的弧的数量分别记作 $a_1,a_2,\cdots,a_n$,每条弧的长度(所有这些长度均相等)记作 t.于是,选择起点为点 M 的任意一条弧,可以计算与它相交的弧的数量.这个数等于

$$a_{i-t}+a_{i-t+1}+\cdots+a_i+a_{i+1}+\cdots+a_{i+t}-1$$

另外,这个数等于 k,我们有

$$a_{i-t}+a_{i-t+1}+\cdots+a_i+a_{i+1}+\cdots+a_{i+t}=k+1$$

把对 $i=1,2,\cdots,n$ 得出的各个等式相加,得 $100(2t+1)=n(k+1)$.由此得出 $k+1$ 不可被 8 整除.证毕.解答的第 2 部分——对 k 的允许值,建立 k 正确排列是平凡的,我们将此留给读者来完成.

64. 为了简单起见,设 N 是偶数(奇数 N 的情形是类似的,但是需要额外努力,它与主要解答无关).在给定三角形中考虑大小为 $N/2\times N/2$ 的正方形(图 8.14(a)),并将这个正方形倾斜(图 8.14(b)).我们来证明,任意 4 个数 m,n,p,q 在任意两行与两列的交点上(图 8.14(c)).它们之间可用不等式 $mn<pq$ 联系.首先,我们注意,这个事实当这些数在基本 1×1 正方形的各顶点上时成立(相邻的行与列的情形),这可由三角形的性质推出.因此,若把各角落上有数 m,n,p,q 的矩形分割成 1×1 的正方形,并对每个正方形写出不等式,然后把它们相乘、化简,就可以得出要求的不等式 $mn<pq$.

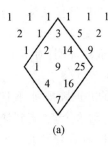
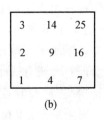
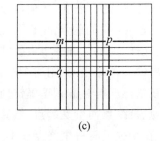

(a)   (b)   (c)

图 8.14

假设本题的陈述不成立,即三角形中不同数的个数小于 $N/4$.这表示倾斜的正方形的每一列至少包含 $N/4$ 对相等的数.因此,这些数对的总数不小于 $(N/4)(N/2)=N^2/8$.

我们将包含这些数的各对行与每对数联系起来.因为有$(N/2(N/2-1))/2<N^2/8$对行,所以我们推导出,可以在不同的两列上求出两对相等的数,这些数在任意两行与两列的交点上.但是上述各对中的 4 个数位于一个矩形的顶点,不满足之前证明的不等式,矛盾.

68.其中一个解可以立即求出:$x=0$.所有其他的解属于区间$[-3,0)$和$(0,3]$,因为函数$\sin(\sin(\sin(\sin(\sin x))))$与$x/3$都是奇函数,所以我们可以断定在这些区间中解的个数相同.考虑区间$[0,3]$.求函数$f(x)=\sin(\sin(\sin(\sin(\sin x))))$的二阶导数,容易断定$f''(x)$在这个区间中是非正的,这表示$f(x)$在$[0,3]$中是凹的.由此得出,$f(x)$的图像与直线$y=x/3$的交点不多于 2 个,即给定方程在$[0,3]$中的解不多于 2 个.其中一个解是$x=0$,我们只需证明,在$(0,3)$中确实存在另一个解.注意,对于充分小的$x$值$(x>0)$,有$f(x)>x/3$(我们利用众所周知的事实:当$x\to0$时$\lim[(\sin x)/x]=1)$,$f(3)<1=3/3$.由波尔查诺-柯西定理知,方程$f(x)=x/3$在区间$(0,3)$中确实存在解.因此,我们证明了给定方程恰有 3 个解.

70.设初始的数为x,称给定的加倍运算为 1 型运算,另一种运算为 2 型运算.解答本题的第 1 个想法是,以不同顺序利用n次 1 型与 2 型运算,我们可以得到$2^n(x-1)+1$与2^nx之间的任意自然数.实际上,我们看到最小的可能值是作n次 2 型运算的结果,等于$2^nx-(2^n-1)=2^n(x-1)+1$,最大的可能值是作n次 1 型运算的结果,等于2^nx.注意,有2^n种作运算的顺序(每次从 2 种运算中选择),其中任意 2 种运算顺序会导致不同的结果.但是,连续整数数列$2^n(x-1)+1,\cdots,2^nx$恰好包含2^n个数,因此其中每个数都可以表示为以一定顺序作n次运算的结果.现在考虑数N,使$2^N>10^{10}x^4$,证明可以在$2^N(x-1)+1$与2^Nx之间求出一个完全 5 次幂.假设这个陈述是错误的.这表示存在自然数A,使$A^5\leqslant2^N(x-1)$,且$(A+1)^5>2^Nx$,我们有

$$
\begin{aligned}
2^N &=2^Nx-2^N(x-1)<(A+1)^5-A^5\\
&=5A^4+10A^3+10A^2+5A+1<100A^4\\
&\leqslant100(2^N(x-1))^{4/5}\\
&<10^2(2^Nx)^{4/5}\\
&<2^N
\end{aligned}
$$

(在最后的不等式中,我们利用了所选的N的性质:$2^N>10^{10}x^4$).所得到的矛盾证明了,从$2^N(x-1)+1$到2^Nx的区间实际上包含一个自然数的完全 5 次幂.

71.给定自然数k,考虑任意自然数n,则有不等式

$$
|a_{n+1}+a_k-a_{n+k+1}|\leqslant\frac{1}{n+k+1}
$$

和

$$
|a_n+a_{k+1}-a_{n+k+1}|\leqslant\frac{1}{n+k+1}
$$

这蕴含

$$
|a_{n+1}+a_k-a_n-a_{k+1}|\leqslant\frac{2}{n+k+1}<\frac{2}{n}
$$

即$|(a_{n+1}-a_n)-(a_{k+1}-a_k)|<2/n$对任意$n$成立.由此可见,当$n$无限增加时,数列$\{a_{n+1}-a_n\}$的各项趋于极限$a_{k+1}-a_k$.而这个陈述对所有的数$k$显然成立,因为收敛数列

有唯一极限. 我们断言, 对任意自然数 $k, m, a_{k+1}-a_k=a_{m+1}-a_m$. 由此便证明了数列 $\{a_n\}$ 是等差数列.

72. 我们将证明第 2 个人会赢得这个游戏. 首先, 我们叙述第 2 个人获胜的策略. 我们将数 $0, 1, 2, \cdots, 999$ 分成 125 个连续自然数的 8 元数组. 第 2 个人的第 1 个策略是, 第 1 个人 "进入" 新的 8 元数组时(写出这个 8 元数组中的第 1 个数), 第 2 个人必须写出包含在同一 8 元数组中的最小可能数. 然后, 剩下的 6 个数被分为 3 对(按递增顺序), 若第 1 个人在轮到他时写下这 6 个数中的一个数, 则第 2 个人要写下同一对中的另一个数. 显然, 若第 2 个人能坚持这个策略, 则他将赢得这个游戏, 因为在这种情形下, 他总能采取行动. 因此, 我们必须证明, 第 2 个人确实能够写出与对手写出的数字在同一对中的数字(顺便提一下, 第 1 个人将被迫写出每个 8 元数组中的第 1 个数).

这里主要论证的是, 在特定的 8 元数组中进行游戏时, 第 2 个人取出的火柴数量就是他在这个 8 元数组中做所有其他需要的行动. 值得记住的是, 在玩这个 8 元数组时, 第 2 个人只利用他取出的火柴. 现在, 我们必须检查在这个特定 8 元数组中进行游戏的所有可能情形. 我们对其中一种情形做详细解释, 所有其他情形可以用类似方式处理. 因此, 把研究的 8 元数组中的各数记作 $0, 1, 2, 3, 4, 5, 6, 7$(显然, 这里考虑的 8 个连续数是相同的). 因为进入这个 8 元数组时, 不能写出小于 3 的数, 我们有 5 种不同情形. 设第 1 个人通过写出数字 4 进入 8 元数组, 则第 2 个人的回答是数 0, 他在这个 8 元数组中进行游戏时获得 4 根火柴. 把剩下的数分为 3 对 $(1, 2), (3, 5), (6, 7)$, 我们看出第 2 个人可能需要的最大火柴数是 4——若第 2 个人每次用最少的数对移动, 则情况是这样的. 研究第 1 个人移动的所有其他情形——$3, 5, 6, 7$, 并确定第 2 个人在任意情形下都可以按照所述的策略行动. 因此, 他最终在这个游戏中获胜.

9 第56届奥林匹克解答(1990)

1. 写在一张纸上的各数之和是奇数. 因此, 把这些数相加, 一定会得出奇数和.

2. 第1次称重: 50 枚硬币在左秤盘上, 50 枚硬币在右秤盘上. 若天平平衡, 则可以断定, 剩下的 1 枚硬币是假币, 第 2 次称重将证明哪种硬币较重. 若天平不平衡, 则可以取较重的那堆硬币, 并把它分成相等的两部分, 利用第 2 次称重来比较它们, 若重量相等, 则在这 50 枚硬币中没有假币, 因此假币在第 2 堆中, 比真币轻. 在相反情形下, 假币比真币重.

3. 答案是否定的. 注意, 39 不能表示为 $5a+11b$ 的形式. 另外, 若能把 39×55 的矩形切割成 5×11 的矩形, 则大矩形长为 39 的边可以分为长为 5 或 11 的线段, 由此给出矛盾.

4. 若汤姆利用以下策略, 则他会获胜: 在每次轮流行动时, 他减去给定数的最后一个数字. 在执行这个操作后, 数 N 的最后一个数字为 0. 杰瑞被迫这样做, 使 N 的最后一个数字变为非零的. 因此, 汤姆总能做下一步行动. 类似地, 我们看到只有在汤姆行动后才会得到 0.

5. 令 X, Y, Z 分别表示困难问题、容易问题和其他问题(既不困难也不容易的问题)的数量. 则有

$$100 = X + Y + Z \qquad\qquad ①$$
$$180 = 60 + 60 + 60 = X + 2Y + 3Y \qquad\qquad ②$$

由 ①×② － ②, 得 $X - Y = 20$.

6. 见问题 19 的类似解答, 把男孩当作骑士, 女孩当作无赖.

7. 若 a 是约翰的层数, 则约翰的房间号码可以表示为 $10(a-1)+b$, 其中 $1 \leqslant b \leqslant 10$. 给定的条件蕴含 $10(a-1)+b+a = 11a+b-10 = 239$, 从而 $249-b$ 可被 11 整除. 因为 $1 \leqslant b \leqslant 10$, 所以我们可以断定 $249-b=242$. 因此 $b=7, a=22$. 最后的计算得出约翰的房间号码是 217.

8. 答案是 29. 当然, 所有 30 个椅子不能同时被占用. 现在, 我们只需证明在某个时刻怎样占用 29 个椅子就够了. 若前 k 个椅子($k<29$)被占用了, 则 2 个新来的人中第 1 个人坐在第 $k+2$ 个椅子上, 然后第 2 个新来的人占用第 $k+1$ 个椅子时, 第 1 个人离开了. 现在前 $k+1$ 个椅子被占用, 这个行动将以相同的方法继续到被占用的椅子数等于 29 为止.

9. 泰迪可以进行以下操作: $123 \to 225 \to 327 \to 429 \to 531 \Rightarrow 135 \to 237 \Rightarrow 327 \to 429 \cdots$, 其中 $\to$ 表示计算机操作(加 102), $\Rightarrow$ 表示泰迪的操作(交换数字).

10. 我们可以看到, $BP=AP, CP=DP$, 因为 P 在 AB 和 CD 的垂直平分线上. 已知 $BC=AD$, 我们来证明 $\triangle BCP \cong \triangle ADP$. 由此知, 中线 $PN=PM$, 这样就证明了 P 在 MN 的垂直平分线上.

11. 考虑以下 3 种情形:(a)与下(上)边相邻的各矩形之一的长与宽都大于 1.(b)与下(上)边相邻的各矩形之一的长大于 1,宽不大于 1.(c)与正方形下(上)边相邻的所有矩形的长都不大于 1.

现在,我们可以看到,情形(a)对正方形的上边与下边都不会发生(图 9.1(a)).此外,在情形(b)中,我们可以给一个矩形准确地画上阴影,就是给本情形中提及的那个矩形画上阴影(图 9.1(b)).最后,若情形(c)发生,则可以把与正方形下(上)边相邻的所有矩形画上阴影(图 9.1(c)).

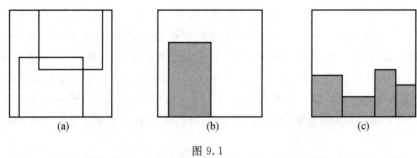

图 9.1

13. 考虑这个表格中 4 个四分之一部分,计算写在其中的各数(记作 a,b,c,d)之和(图 9.2(a)).已知 $|a+b+c+d| \leqslant 100$.设数 a,b,c,d 同号,则有

$$|a+b+c+d| = |a| + |b| + |c| + |d| \leqslant 100$$

因此,这些绝对值中至少有 1 个不大于 25.否则,这些数中的 2 个(例如 a 与 c)异号.现在把对应的表格各四分之一部分与一连串 25×25 的正方形联系起来,使得每对连续正方形有一些 25×25 的矩形作为交叉部分(图 9.2(b)).令 s_i 是在这一连串正方形内的各数之和,$i=1,2,\cdots,n$.已知 s_1 与 s_n 异号,这意味着可以求出 2 个连续正方形,使其内部的各数之和异号,例如 $s_k>0,s_{k+1}<0$.但是对每个 k,$|s_k-s_{k+1}| \leqslant 50$,因为在一连串正方形中的第 $k+1$ 个正方形可以从第 k 个正方形中删去 25 个方格并加上另外 25 个方格获得.因此 $|s_k-s_{k+1}| = |s_k| + |s_{k+1}| \leqslant 50$,由此我们可以断定,数 $|s_k|$ 与 $|s_{k+1}|$ 中有 1 个数不大于 25.

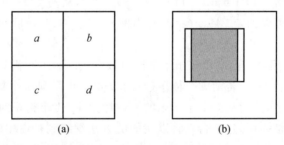

图 9.2

14. 答案是否定的.事实上,写在每页纸上的各数之和与 3 模 4 同余.因此,若把 24 个这样的数加起来,则和一定可被 4 整除,但是 4 不整除 1 990.

16. 若用第 2 个方程减去第 1 个方程,则得 $(B-A)(A+B-1)=24$.现在只需把 24 的所有可能表示看作 2 个正整数之积即可,考虑到其中一个数是奇数,另一个数是偶数.

这个事实的直接结果是,$(B-A)+(A+B-1)=2B-1$ 是奇数.这个类型有两种因式分解:$3 \cdot 8=24$ 与 $1 \cdot 24=24$.第 1 种因式分解给出 $B=6,A=3,C=-85$(这不可能,因为 C 必须是正数),第 2 种因式分解给出 $B=13,A=12,C=57$.因此,唯一的答案是 $A=12$,$B=13,C=57$.

17.令 A,B 是法兰城的任意 2 个镇.假设没有一条道路 $A \rightarrow B$,也没有 1 个镇 C 使 $A \rightarrow C,C \rightarrow B$(同时地).我们可以考虑从 A 出发的道路可以到达的各镇 $A_1,A_2,\cdots,A_{40}$,考虑另外 40 个镇 $B_1,B_2,\cdots,B_{40}$,从这些镇有道路到达 B.存在 $40 \cdot 40=1\ 600$ 条道路离开镇 $A_1,A_2,\cdots,A_{40}$,联系 A_i 与 A_j 的道路总数不大于 $20 \cdot 38=760$.比较 $780+760$ 与 $1\ 600$,我们断定至少有一条 $A_i \rightarrow B_j$ 类型的道路,证毕.

18.选出 3 堆硬币,每堆包含 34 枚硬币,利用第 1 次称重来比较第 1 堆与第 2 堆的重量,然后利用第 2 次称重来比较第 2 堆与第 3 堆的重量.在这 2 次称量中至少有 1 次出现天平不平衡的情形.设第 1 次称重显示出重量相等,第 2 次称重显示出第 3 堆较重.因此有 2 个子情形:(a)第 1 堆与第 2 堆中所有硬币都是真币,第 3 堆中至少有 1 枚假币.(b)第 1 堆与第 2 堆都恰有 1 枚假币.

为了区分这些情形,只需把第 1 堆分成较小的 2 堆,每堆包含 17 枚硬币,利用第 3 次称重比较它们的重量.现在考虑 2 次称量不显示天平平衡的情形.把这 3 堆硬币记作 A,B,C,设 A 与 B 参加第 1 次称重,B 与 C 参加第 2 次称重.注意,4 种可能的结果中只有 2 种可以发生:(a)$A<B$ 与 $B>C$,(b)$A>B$ 与 $B<C$($X>Y$ 表示 X 堆比 Y 堆重).

另外 2 种情形($A>B>C$ 与 $A<B<C$)是不可能的,因为只有 2 枚假币.易见,在情形(a)与(b)中有 $A=C$,这种情形已经在上面考察了.由此便完成了证明.

19.我们可以看到,对每个骑士,他的所有熟人都互相认识,对每个无赖,在他的熟人中,骑士人数多于无赖人数.我们选择一些无赖(称他们为"主要无赖"),使得:(a)没有 2 个主要无赖互相认识.(b)每个无赖至少与 1 个主要无赖认识.

由此,我们可以叙述如下:选择任意无赖,称他为"主要无赖".然后在服从条件(a)时尽可能多地扩大主要无赖的集合.若某个无赖不认识任意主要无赖,则把他加入主要无赖集合,性质(a)仍旧满足.此外,把所有主要无赖编号为 $1,2,\cdots,n$,确定第 i 个主要无赖的无赖熟人人数 a_i,确定第 i 个主要无赖的骑士熟人人数 b_i.已知 $a_i \leqslant b_i$,且无赖 A 的总人数不大于 $a_1+a_2+\cdots+a_n$.另外,骑士 B 的总人数不小于 $b_1+b_2+\cdots+b_n$,因为不存在任意骑士认识超过 1 个无赖.在相反情形下,这 2 个主要无赖一定互相认识,矛盾.因此 $B \geqslant b_1+b_2+\cdots+b_n \geqslant a_1+a_2+\cdots+a_n \geqslant A$,这样就完成了解答.

20.为了解答本题,我们将利用它的几何解释.考虑一张图纸,它的格点用整数对 (n,m) 编号,显然,为使不等式 $m/(n+1)<\sqrt{2}<(m+1)/n$ 成立,当且仅当直线 $y=\sqrt{2}x$ 与正方形相交,正方形的左下顶点与点 (n,m) 重合(图 9.3).此外,考虑 1 001 个单位水平带形,注意,为使给定的直线与同一个带形中 2 个正方形相交,当且仅当它与格点的相应垂直线段相交.于是,可以计算出恰有 707 条这样的线段,因为 $707<1\ 000/\sqrt{2}<708$.从而推出,这条直线与图 9.3 所示的 1 001 个带形中的 1 708 个单位正方形相交.其中 2 个正方形的左下顶点等于 $(0,0)$ 和 $(0,1)$(在图中它们被画上了阴影),将它们删掉,因为 0 不是正整数.因此,最终的答案是 1 706.

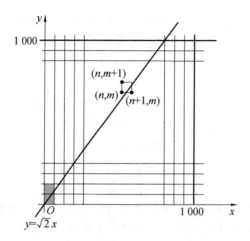

图 9.3

21. 答案是否定的. 假设 X 不大于 Y. 因为 1 990 不可被 4 整除, 当 $n>3$ 时, $n!$ 可被 4 整除, 所以 $1 \leqslant X \leqslant 3$, 即 $X! = 1, 2$ 或 6. 因此, $Y!$ 的最后 4 位数是 1989, 1988, 或 1984, 这不可能, 因为当 $Y>4$ 时, $Y!$ 可被 10 整除. 只剩下 1 种情形, 即 $Y<5$. 因此, 有 $Y! <120$, $X! + Y! <126$, 这样就完成了证明.

22. 已知中线 BM 的长是 1(图 9.4), 所以我们可以写出不等式 $AM+1>AB$ 和 $MC+1>BC$. 因为线段 AC 的长是整数, 所以 AM 和 MC 的长是整数或半整数, 这意味着 $AM+1/2 \geqslant AB, MC+1/2 \geqslant BC$. 把这些不等式相加, 得 $AC+1 \geqslant AB+BC$. 考虑到 $AB+BC>AC$, 所以 $AC+1 = AB +BC, AM+1/2 = AB, MC+1/2 = BC$. 因此 $AB = BC$. 于是, $\triangle ABC$ 是等腰三角形, 由此知 BM 是高. 由勾股定理, 得 $(AM+1/2)^2 = AB^2 = AM^2 +1$, 因此 $AM = 3/4$. 所以不存在这样的三角形.

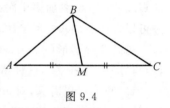

图 9.4

23. 若 a 是等差数列的任意一项, d 是这个数列的公差, 则当 n 是充分的大自然数时, 形如 $a+10^n d$ 的所有项有相等的数字和. 若 $10^n>a$, 则这个数的十进制表示有以下形式
$$a+10^n = \overline{d_1 d_2 \cdots d_k 0 0 \cdots 0 0 a_1 a_2 \cdots a_m}$$
其中 $\overline{d_1 d_2 \cdots d_k}$ 和 $\overline{a_1 a_2 \cdots a_m}$ 分别是 d 和 a 的十进制表示. 因此 $S(a+10^n d) = S(a)+S(d)$, 其中 $S(x)$ 表示数 x 的各个数字之和.

24. 因为 $\triangle AHD \cong \triangle ABC$(图 9.5), 所以 $AB = AH$, 因此等腰 $\triangle ABH \backsim \triangle ACD$. 于是 $\angle HCD = \angle BHA = \angle CHK$, 从而 $CK = HK$. 因为 $\angle KDH = 90° - \angle HCD = 90° - \angle CHK = \angle KHD$, 由此得 $HK = KD$, 从而 $CK = HK = KD$.

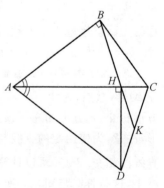

图 9.5

25. 不失一般性, 可设 $0 \leqslant A \leqslant B \leqslant C \leqslant 1$. 因为 $0 \leqslant (1-A)(1-B)$, 所以有 $A+B \leqslant 1+AB \leqslant 1+2AB$. 此外
$$A+B+C \leqslant A+B+1 \leqslant 2+2AB \leqslant 2(1+AB)$$
因此

$$\frac{A}{1+BC}+\frac{B}{1+AC}+\frac{C}{1+AB}\leqslant\frac{A}{1+AB}+\frac{B}{1+AB}+\frac{C}{1+AB}$$

$$=\frac{A+B+C}{1+AB}\leqslant2$$

27. 由题我们看出 A,B,C 是非负数. 用第 1 个方程减去第 2 个方程, 得 $(A-C)(A+C+6)=0$, 从而 $A-C=0$, 因为 $A+C+6$ 是正数. 类似地, 有 $A=B=C$, 所以方程组给出 $2A^2=6A$. 因此 $A=0$ 或 $A=3$. 所以只有 2 个解, 即 $(0,0,0)$ 与 $(3,3,3)$.

28. 设 CE 的长为 x(图 9.6). 因为 $BE=DB=3$, $AF=AD=5$, 所以应用余弦定理, 有

$$AB^2+AC^2-2AB\cdot AC\cos\angle BAC=BC^2$$

即

$$64+(x+5)^2-8(x+5)=(x+3)^2$$

解这个二次方程, 得 $x=10$. 因此

$$BC=BE+EC=3+10=13$$

所以 $BC=13$.

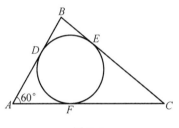

图 9.6

31. 若 $a<b<c<d$ 是给定的自然数, 则有 $a\geqslant1,b\geqslant2,c\geqslant3,d\geqslant4$. 因此

$$\frac{1}{ab}+\frac{1}{ac}+\frac{1}{ad}+\frac{1}{bc}+\frac{1}{bd}+\frac{1}{cd}\leqslant\frac{1}{2}+\frac{1}{3}+\frac{1}{4}+\frac{1}{6}+\frac{1}{8}+\frac{1}{12}=\frac{34}{24}<2$$

这个不等式等价于要求的不等式, 因为可以将其乘以 $abcd$, 得

$$cd+bd+bc+ad+ac+ab\leqslant2abcd$$

32. 本题对(a)是肯定的, 对(b)是否定的.(a)对这种情形可以在图上显示出来, 如图 9.7(a)所示. 我们可以看到, 只要利用每个正方形不多于 4 次就够了.

(b)假设它是可能的. 因为不大于 2^n 的 2 的所有幂之和小于 2^{n+1}(事实上, 这个和等于 $2^{n+1}-1$), 由此得出, 对给定的平面铺装中, 每个正方形的每一边存在与这一边相邻的一个较大的正方形. 因此, 我们可以给出以下重要结论: 任意一个正方形的每个顶点在铺装的某个较大正方形的一边上. 实际上, 我们已经证明了, 有 4 个正方法与这个给定的正方形相邻, 它的边较长. 因为这 4 个正方形中每个正方形必然突出小正方形的一个角落, 而且显然这 4 个正方形中不可能有 2 个正方形突出到同一个角落, 由此我们证明了上述陈述成立. 现在考虑单位正方形(若它被用于铺装, 否则可以考虑铺装中最小的正方形). 它的相邻正方形已显示在图 9.7(b)中, 其中与 4 个正方形相邻的最大正方形用星号表示. 我们看到, 它的顶点 A 不在另一个较大正方形的一边上, 这与上面证明的性质相矛盾.

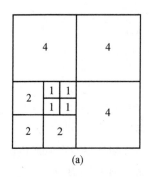 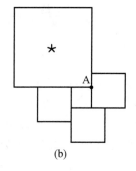

图 9.7

33.有一个众所周知的整除判别法可以检验给定自然数是否可被 11 整除:在十进制表示中,奇数位数字之和与偶数位数字之和的差一定可被 11 整除.这里这个差是奇数,因为所有数字之和 $1+2+3+4+5+6=21$ 是奇数.此外,这个差的最大可能值等于 $4+5+6-3-2-1=9$,因为没有一个奇数可被 11 整除,且它的绝对值小于 10,所以答案是否定的.

35.若 $F(x)=a_k x^k+a_{k-1}x^{k-1}+\cdots+a_0$,则对整数 m 与 n,差
$$F(m)-F(n)=a_k(m^k-n^k)+a_{k-1}(m^{k-1}-n^{k-1})+\cdots+a_1(m-n)$$
因为对所有自然数指数 k,$m-n$ 整除 m^k-n^k.$F(m)-F(n)$ 可被 $m-n$ 整除.由此推出 $F(7)-F(2)$ 可被 $7-2=5$ 整除,从而 $F(7)$ 可被 5 整除.类似地,$F(7)-F(5)$ 可被 2 整除,因此 $F(7)$ 可被 2 整除.结合这些事实,即可得出所求.

37.(a)对这些正方形的所有中心做上标记.因为它们都在棋盘内的格点上,所以我们在同一条垂直线上能够找出 7 个格点$(55>54=9\cdot6)$.于是,在这条直线上的 9 个格点中有 7 个已被标记的点.由鸽巢原理,在这条直线上一定有 3 个连续的标记点,这意味着,我们可以在 3 个相应正方形中删去中间的一个正方形.

(b)为了证明这一点,我们给棋盘上的 16 个正方形做上标记(12 个白色的,4 个黑色的,如图 9.8(a)所示).其中 12 个正方形覆盖 12 个白方格,我们可以检验,恰在边界上有 8 个方格未被这 12 个正方形覆盖.从而可以选出 8 个边界上的正方形,使它们包含边界上这些剩下的方格.于是有 20 个正方形覆盖具有宽度 2 的"边界区域".在中心 6×6 的正方形中,可以类似地选出 4 个正方形包含 4 个黑方格.这些正方形覆盖 36 个中心方格中的 16 个方格,而且必然能够选出 20 个正方形包含 20 个剩下的方格.因此,我们得出 24 个正方形覆盖全部 6×6 中心正方形.因为 $20+24=44$,所以可以从 45 个给定正方形中删去 1 个正方形,棋盘仍然被覆盖.

(c)答案是 39.我们可以给 38 个格点(作为 2×2 正方形的中心)作上标记,因此在棋盘仍被覆盖时,不能删去这些正方形中的一个正方形(图 9.8(b)).此外,若 $n>38$,则这个陈述是正确的,但是,若用逐个分析的方法,证明将会非常冗长和烦琐.

41.将题给方程两边乘以 $X-1$,得 $(X-1)X^n=X^n-1<X^n$,因此 $X-1<1$,即 $X<2$.另一方面,$X^n=X^{n-1}+X^{n-2}+\cdots+X+1>n$,因为 $X>1$.所以有
$$X-1=(X^n-1)/X^n=1-1/X^n>1-1/n$$
即 $X>2-1/n$.

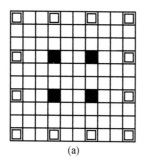
(a)

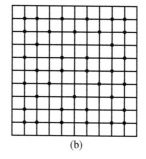
(b)

图 9.8

42. 首先,我们的构造需要 4 个具有单位棱长的四面体 T_0, T'_0, T''_0, T'''_0 与 1 个具有单位棱长的八面体 O,然后对每个自然数 $n(n \geqslant 1)$,需要具有棱长 2^n 的 3 个四面体 T'_n, T''_n, T'''_n 与 1 个八面体 O_n,把四面体 T_0 放置在空地上. 可以把八面体 O_0 放置在 T_0 的任意一面上,然后放置 T'_0, T''_0, T'''_0,使得这 5 个多面体构成具有棱长为 2 的另一个正多面体,记作 T_1(图 9.9). 现在,我们可以继续利用这个归纳过程,放置所有剩下的多面体. 若具有棱长 2^n 的四面体 T_n 已经由以下多面体构成: $T_0, O_0, T'_0, T''_0, T'''_0; O_1, T'_1, T''_1$, $T'''_1, \cdots, O_{n-1}, T'_{n-1}, T''_{n-1}, T'''_{n-1}$,则可以放置八面体 O_n 与四面体 T'_n, T''_n, T'''_n. 在多面体链中,我们可以得到下一个多面体:具有棱长为 2^{n+1} 的四面体. 现在,我们可以把这个放置多面体的归纳过程继续进行下去,使八面体 O_n 放置在 T_n 的"不同"面,以便铺满整个空地. 更确切地说,被八面体 O_n 黏合的这些面将以循环顺序被选出. 因为它们总是平行于 T_0 的对应面,所以可以在每一步中用这个方法固定八面体,使黏合的面平行于 T_0 的面 $1, 2, 3, 4, 1, 2, 3, 4, \cdots$.

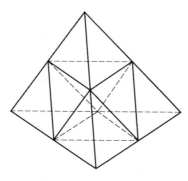

图 9.9

43. 等式 $B(A^2 + AB + 1) - A(B^2 + BA + 1) = B - A$ 意味着 $A - B$ 可被 $B^2 + BA + 1$ 整除,当且仅当 $A - B = 0$ 时才成立,因为 $A - B$ 是非负的,所以它的绝对值小于 $B^2 + BA + 1$ 的值.

44. 让我们以任意顺序删去在另一条线段内的这些线段. 此外,我们可以通过对线段数的归纳来证明这个命题. 首先,把大线段记作 $[a, b]$,若 $[a, x]$ 是包含点 a 的唯一线段,y 是最接近另一线段左端点 a 的点(显然 $a < y \leqslant x$),则可以把第一条线段 $[a, x]$ 变为线段 $[a, y]$. 所有左半部分线段的交集的长度在这个操作下不会增加. 由归纳法得出,被线段 $[y, b]$ 左半部分覆盖的集合长度不小于 $(b-y)/2$. 再加上 $[a, y]$ 的左半部分,即可得出要

求的估计.归纳法的基础是,一条线段一定与$[a,b]$重合,这是显然的.

45.考虑点 $R'=AP\bigcap BD$(图 9.10).只需证明,它在经过 C,P,Q 的圆上即可,即四边形 $CPR'Q$ 是圆内接四边形.事实上,$\angle BAR'=\angle R'QP$,因为它们所对给定圆的同一条弧.此外,$\angle BAR'=\angle BCR'$,因为它们关于 BD 轴对称.于是有 $\angle R'QP=\angle R'CP$,因此四边形 $CPR'Q$ 是圆内接四边形.此结果蕴含 $R'=R$.证毕.

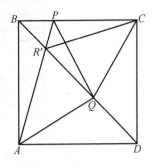

图 9.10

46.我们可以通过对 N 进行归纳来证明.归纳基础 $N=1$ 是平凡的.此外,我们可以把所考虑的所有子集的汇集分成 2 个子汇集,其中一个子汇集包含 N,一个子汇集不包含 N.第 1 个子汇集中各个乘积的平方和等于 $N^2[(N-1)! -1]+N^2$,因为所考虑的每个子集可以表示为 $\{N\}$ 与 $\{1,2,\cdots,N-2\}$ 的非空子集的并集,它不包含各个相邻的数,唯一的例外是 $\{N\}$.同理,第 2 个子汇集中各乘积的平方和等于 $N! -1$.将 $N^2(N-1)!$ 加上 $N! -1$,即可得出所要求的结果.

47.从以下引理开始:

引理 若给定三角形的顶点 A,B,C 在单位格点上,则 $\triangle ABC$ 的面积等于 $N/2$,其中 N 是非负整数.

证 考虑最小矩形 R,它的边平行于坐标轴,且包含给定三角形(图 9.11).这个三角形可以由这个矩形切掉一切直角三角形 $T_1,T_2,\cdots,T_k$ 得出,它们的直角边平行于坐标轴,所以 $\triangle ABC$ 的面积可以用矩形整数面积减去这些指定三角形的面积(半个整数)来计算.

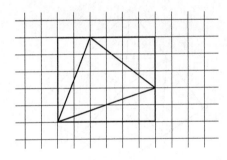

图 9.11

因此,$AC\cdot AD\sin\angle DAC$ 与 $BC\cdot BD\sin\angle DBC$ 一样是整数.所以
$$|AC\cdot AD-BC\cdot BD|=|m/\sin\alpha|$$
其中 $\alpha=\angle DAC=\angle DBC$,$m$ 是一个非零整数.不等式 $|\sin\alpha|\leqslant 1$,这样就完成了证明.

48.我们可以通过对道路数进行归纳来证明.设除一条道路外,所有道路都按所提及的规则涂色,唯一一条未涂色的道路将 X 镇与 Y 镇连接起来.则有颜色 1 的道路从 X 开始,有颜色 2 的道路从 Y 开始,但是没有颜色 2 的道路从 X 开始,没有颜色 1 的道路从 Y 开始.考虑一条路线,它从 X 开始,经过最多条道路,这些道路只包含颜色 1 与颜色 2.这些颜色必须交替使用(图 9.12).这条路线不能通过任意一个镇多于 1 次,且不能在 Y 结束. 现在,我们把这条路线上所有道路的颜色交换,即颜色 1 变为颜色 2,反之亦然. 在执行这个操作之后,它保持指定的性质,我们可以给道路 XY 涂上颜色 1.

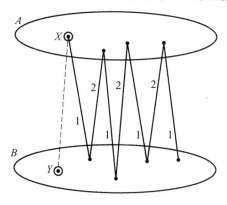

图 9.12

49. 答案是 $p+q-1$. 首先,我们提出一个可以作为几何作图呈现的例子. 若考虑区间 $[0,1]$,则我们可以选出点 $0,1/p,2/p,\cdots,(p-1)/p,1/q,2/q,\cdots,(q-1)/q,1$,它们把这条线段分为 $p+q-1$ 部分,这是以下事实的直接结果,即 p 与 q 是互质的. 根据这个分法,我们可以将蛋糕切成 $p+q-1$ 小块,使蛋糕可以平均分配给所有的人. 对 $p=3,q=5$ 的例子如图 9.13 所示. 现在来证明,把一个蛋糕切成 $p+q-2$ 小块(或更少块)是不可能的. 设想 $p+q$ 个客人聚集在一个房间里(不失一般性,我们可以假设没有人要求两小块蛋糕),我们任意选出一小块蛋糕,并放在桌上,然后请两人来到桌旁以 p 方式和 q 方式来选取这小块蛋糕. 之后把为这两人预定的所有小块蛋糕放在桌上. 接下来,请所有客人以 p 方式或 q 方式来取这些蛋糕,……. 若在桌上有 k 小块蛋糕,则站在旁边的人数不多于 $k+1$. 因此,我们可以断定,经过几次描述的操作,这个过程就结束了. 因此,桌上蛋糕的分配将表示为某第 p 部分的并集与某 q 部分的并集. 所以有等式 $m/p=n/q$,这是不可能的,因为 $0<m<p,0<n<q$.

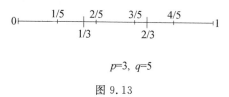

$p=3,\ q=5$

图 9.13

注 同样地,我们能够用相同的方法证明 p 与 q 不互质时的类似结果. 也就是说,若它们的最大公因数等于 1,则答案是 $p+q-d$.

50. 答案是肯定的. 在圆上写出整数 $x_1,x_2,\cdots,x_{20}$,使差 $x_2-x_1,x_3-x_2,\cdots,x_{20}-x_{19},x_1-x_{20}$ 恰好给出开始的集合 $\{1,2,\cdots,9,10,-1,-2,\cdots,-9,-10\}$. 这是可以做到的,因为这个集合中各数之和等于 0. 此外,2 个相邻数 x_i 与 x_{i+1} 的对换完全等价于题目中给出的差集合中的对换. 事实上,四元数组 $x_k,x_{k+1},x_{k+2},x_{k+3}$ 产生差的三数元组 $a=x_{k+1}-x_k,b=x_{k+2}-x_{k+1},c=x_{k+3}-x_{k+2}$,对换的四元数组产生三元组 $x_{k+2}-x_k,x_{k+1}-x_{k+2},x_{k+3}-x_{k+1}$,与 $(a+b,-b,c+b)$ 重合. 因此,利用所述的运算,我们可以得出排列 $x_1,$

$x_{20}, x_{19}, \cdots, x_2$. 由此得出差集合 $x_{20}-x_1, x_{19}-x_{20}, \cdots, x_3-x_4, x_2-x_3, x_1-x_2$. 实际上，它与集合 $[10,9,\cdots,2,1,-10,-9,\cdots,-2,-1]$ 重合.

54. 若莎拉的游戏很完美，则亚历克斯就会输掉比赛. 为了证明这一点，我们把整个棋盘分成四部分(图 9.14(a))，不失一般性，设亚历克斯的第 1 个行动是把第 1 个四分之一部分中的正方形涂色(图 9.14(a)). 然后莎拉给正方形 $(2,2)$ 涂色，这个正方形在第 2 列与第 2 行的相交处(图 9.14(a)). 莎拉的策略的主要思想如下：她用黑色正方形包围某个区域，这个区域包含一些白色正方形与未涂色的正方形. 然后，她必须避免给该区域中的空正方形(若有的话)涂色，除了以下情形：只有棋盘上的空正方形是这些被包围的正方形. 因为亚历克斯必须最后涂色，这个被包围区域一定在这个区域中至少包含 1 个白色正方形.

莎拉要怎样才能实现这个计划呢？我们来总结这个显然可以获胜的计划.

(a) 若亚历克斯第 2 步给第 2 行上方的 1 个正方形涂色，则莎拉给正方形 $(1,2)$ 涂色.

(b) 若亚历克斯给第 2 列右边的 1 个正方形涂色，则莎拉给正方形 $(2,1)$ 涂色.

(c) 若亚历克斯给正方形 $(1,2)$ 或 $(2,1)$ 涂色，则莎拉分别给正方形 $(2,3)$ 或 $(3,2)$ 涂色.

(d) 若亚历克斯给正方形 $(1,1)$ 涂色，则莎拉给正方形 $(1,2)$ 或 $(2,1)$ 涂色.

假设情形 (c) 发生，则莎拉扬言要给正方形 $(1,3)$ 与 $(2,1)$ 涂色. 亚历克斯唯一的防守方法是给正方形 $(1,3)$ 或 $(2,1)$ 中一个正方形涂色. 因此，莎拉的回答分别是正方形 $(2,4)$ 或 $(3,2)$. 游戏就这样继续进行下去，这个排列如图 9.14(b) 所示. 我们可以看到，亚历克斯不可能成功抵抗，因此他输了. 其他情形是完全类似的.

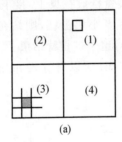 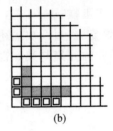

(a)   (b)

图 9.14

55. 反射对角线上的点 A 得到轴对称点 A'. 四边形 $BCA'D$ 是圆内接四边形，因此 $\angle A'BC = \angle A'DC = \alpha$(图 9.15(a)). 由余弦定理，得

$$A'B^2 + BC^2 - 2A'B \cdot BC\cos\alpha = A'D^2 + CD^2 - 2A'D \cdot CD\cos\alpha$$

因此有

$$A'B \cdot BC - A'D \cdot CD = \frac{A'B^2 + BC^2 - A'D^2 - CD^2}{2\cos\alpha}$$
$$= \frac{AB^2 + BC^2 - AD^2 - CD^2}{2\cos\alpha}$$

现在只需注意，对以下理由，$AB^2 + BC^2 - AD^2 - CD^2$ 是非零偶数即可.

(a) 由勾股定理，所有这些平方数都是整数.

(b) 这个表达式是非零的，否则它意味着 $\angle B = \angle D$.

(c)对于格点 X,Y,为使整数 XY^2 是偶数或奇数,当且仅当线段 XY 在轴上的投影之和是偶数或奇数.这可由勾股定理推出.因此 $AB^2+BC^2-AD^2-CD^2$ 与 $AB^2+BC^2+CD^2+DA^2$ 对 2 同余,而且与四边形 $ABCD$ 的周长在轴上的投影之和对 2 也同余,这是因为轴上每个单位线段恰好被覆盖两次(图 9.15(b)).

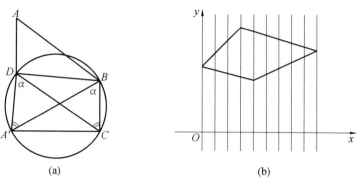

图 9.15

56.答案是 124.考虑在第 X_2 位上的第 X_1 卷.若顺序为 X_2X_1,则考虑放在第 X_3 位上的第 2 卷,直至第 X_n 卷放在第 X_1 位为止.我们可以把这个卷集合称为 1 个圈.易见,开始的排列表示为一些圈的集合.此外,称这个换位为融合,如果这些卷被换位到不同的圈.这个名称被以下事实证明是正确的:在融合后,圈数减少 1(图 9.16(a)).同理,称这个换位为中断,如果这些卷被换位到相同的圈.当中断完成时,圈数增加 1(图 9.16(b)).

现在,假设长度大于 1 且只包含偶数卷的圈数等于 A.类似地,"纯奇数"圈的数目等于 $B(A\leqslant 25,B\leqslant 25,$ 设 $B\leqslant A)$.其次,做不多于 A 次融合,得到的情形是所有圈都是混合的,即每个圈至少包含 1 个偶数卷和 1 个奇数卷.然后,我们只做 1 次中断,将单位长度的各圈分开(图 9.16(c))——做不多于 99 次换位,因此在做不多于 $A+99\leqslant 124$ 次换位后,即可得出要求的结果.现在,我们必须证明 124 是精确估计.只需举出 1 个例子就够了,其

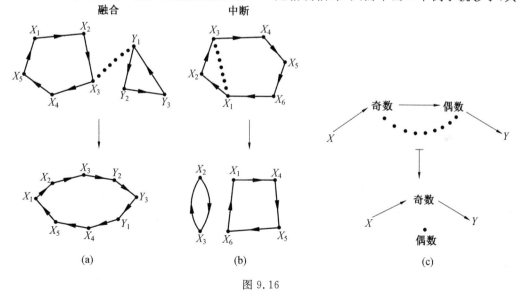

图 9.16

中正确的排列不能在少于 124 次操作后得到.若只有 1 个"偶数"圈包含 50 卷和 25 个"奇数"圈,其中每个"奇数"圈包含 2 卷,则融合必须消除"奇数"圈,且融合数不小于 25.此外,若融合数等于 A,中断数等于 B,则最后的圈数就超过初始的数 $B-A$.因此 $B-A=100-26=74$,于是 $B\geqslant74+A\geqslant99$.最后,所有的换位数是 $A+B\geqslant25+99=124$.

57. 我们将给出间接的证明.设有整数 $x_1,x_2,\cdots,x_m$ 使 $F(x_k)$ 不可被 $a_k(k=1,2,\cdots,m)$ 整除.这意味着存在数 $d_k=p_k^{a_k}$,其中 p_k 是质数,使 d_k 整除 a_k 而不整除 $F(x_k)$.若在各个 d_k 中有同一质数的幂,则可以删去它们,除最小的幂以外,因为若 $F(x)$ 不可被这个幂整除,则显然它不可被另一个幂整除.这些删去保证了我们的集合现在由互质数组成.因此,由中国剩余定理推出,可以求出 1 个整数 N,对所有 k,N 与 x_k 对 d_k 同余.利用熟知的性质,$F(x)-F(y)$ 可被 $x-y$ 整除(见问题 35 的证明),由此我们可以断言,$F(N)$ 不可被任意 d_k 整除,于是不可被任意 a_k 整除,矛盾.

注 我们还可以证明(虽然比较困难),若对每个整数 n,$F(n)$ 至少可被有限数列 $\{a_k\}$ 中的一个数整除,则该数列需要满足以下条件:对 $p=\deg F$,当 k 变大时,$k^p/a_k\to0$,则存在 a_k 可整除所有的数 $F(n)$.

58. 令 $0\leqslant a_1<a_2<\cdots<a_{21}<a_{22}\leqslant1$ 是给定的 22 个点.把它们分成点对 $(a_1,a_2),\cdots,(a_{21},a_{22})$.则可以在每对中选出一点,把它们记作 $x_1,x_2,\cdots,x_{11}$(这些数不一定是按照这个线段内各点顺序写出的),把相应各对中另一个点记作 $y_1,y_2,\cdots,y_{11}$.用以下顺序作"点融合"运算:x_1 和 x_2 给出 p_1;p_1 和 x_3 给出 p_2;$\cdots\cdots$;p_9 和 x_{11} 给出 p_{10}.由此,我们可以得出,点 $p_{10}=(x_1+x_2+2x_3+\cdots+1\,024x_{11})/1\,024$.同理,可以得出点 $q_{10}=(y_1+y_2+2y_3+\cdots+1\,024y_{11})/1\,024$.因此,只要能进行上述的选择,证明 $1\,024p_{10}$ 与 $1\,024q_{10}$ 之间的距离不大于 1 即可.我们用归纳法来证明它.

引理 1 若有 n 个正实数不大于 A,则可以把它们记作 $d_1,d_2,\cdots,d_n$,且选择数 $e_i=+1$ 或 -1,使 $|e_1d_1+2e_2d_2+\cdots+2^{n-1}e_nd_n|\leqslant A$.

证 归纳基础是平凡的,为了证明归纳步骤,对除了第 $n+1$ 个数(把它当作最大值)以外的所有数,考虑给定类型的表达式

$$|e_1d_1+2e_2d_2+\cdots+2^{n-1}e_nd_n|\leqslant d_{n+1}$$

将上式乘以 2,得

$$|2e_1d_1+4e_2d_2+\cdots+2^ne_nd_n|\leqslant 2d_{n+1}$$

因此还需要利用以下事实.

引理 2 若 $|s|\leqslant2t$,则 $|t-s|$ 或 $|s+t|$ 的绝对值不大于 t.

系 此外,可以选择记号,使 $|e_1d_1+e_2d_2+2e_3d_3+\cdots+2^{n-2}e_nd_n|\leqslant A$.这是引理 1 和引理 2 的直接结果.

把这个系应用于差集合 $a_2-a_1,a_4-a_3,\cdots,a_{22}-a_{21}$,我们得到这些对(为记号方便起见,用相同字母表示它们)与数 $e_1,e_2,\cdots,e_{11}$(等于 +1 或 -1)的置换,使

$$|e_1(a_2-a_1)+e_2(a_4-a_3)+2e_3(a_6-a_5)+\cdots+2^9e_{11}(a_{22}-a_{21})|\leqslant1$$

显然,对各个 x_i 与 y_i 的适当选择,上式恰好是点 $1\,024p_{10}$ 与 $1\,024q_{10}$ 之间的距离,证毕.

59. 称自然数 x 与 y(两者都小于 A^n-1,且与它互质)是等价的,若存在自然数 k,使 x 与 A^ky 对模 A^n-1 同余.注意,若 x 与 y 等价,则 y 与 x 也等价.实际上,$y-A^{n-k}x=$

$A^{n-k}(A^k y-x)+y(1-A^n)$(设 $k<n$;若 $k\geqslant n$,则应考虑表达式 $y-A^{2n-k}x$ 或 $y-A^{3n-k}x$).同理,若 x 与 y 等价,且 y 与 z 等价,则 x 与 z 也等价.

现在只需要注意每个等价类,即与某个数等价的数集恰好包含 n 个元素:x,$Ax(\bmod A^n-1)$,$A^2 x(\bmod A^n-1)$,$\cdots$,$A^{n-1}x(\bmod A^n-1)$,其中 $p(\bmod q)$ 表示 p 被 q 除的余数.因为所有自然数小于 A^n-1 且与它互质,所以它可以分成所考虑类型的类,它的基数可被 n 整除.

60. 与问题 44 的解答一样,我们一个接一个地删掉这些线段,其中一条线段在另一条线段内,第 2 个变换如下:固定它的中心,尽可能缩小每条线段,使大线段仍然完全被覆盖(这个过程可以不考虑各线段的顺序,一步一步地进行).在完成这个过程后,易见所有线段不再与另一条线段有公共内点(图 9.17(a)).因此,只需对简单的特别情形(大线段只被两条小线段覆盖)证明不等式即可(图 9.17(b)).

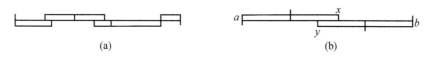

(a)　　　　　　　　　(b)

图 9.17

显然,只有一种极为重要的情形,即删去左线段的左半部分与右线段的右半部分.但是,若 $[a,x]$ 与 $[y,b]$($y\leqslant x$)分别是左线段与右线段,则这些线段的一半至少覆盖线段 $[(a+x)/2,(b+y)/2]$,它的长度等于 $(b-a)/2-(x-y)/2$.但是,若 $x\geqslant(2b+a)/3$ 或 $y\leqslant(b+2a)/3$,则给定各线段中一条线段的一半至少覆盖大线段的三分之一.由此得 $x-y<(b-a)/3$,因此

$$(b-a)/2-(x-y)/2>(b-a)/3$$

61. 答案是否定的.为了证明这一点,把它的各顶点依次编号.假设除了从顶点 1 出发的一条对角线,所有对角线有相同长度.因此,对角线 25,26,35,36 相等,所以三角形 235 与 236 全等(图 9.18).这意味着六边形的边 23 与 56 相交,由此得出矛盾.

注 另一方面,存在一个有 7 条相等对角线的六边形.请你自己试一试画出它吧.

62. 答案是否定的.把红色、蓝色、绿色的车的数量分别记作 R,B,G,把红车与蓝车,蓝车与绿车,绿车与红车互相攻击的各车对个数分别记作 X,Y,Z.因此有 $2R\leqslant X$.此外,因为每个红车被不多于 2 个绿车攻击,所以 $2R\geqslant Z$.同理,类似不等式对其他颜色的车也成立,因此 $2R\leqslant X\leqslant 2B\leqslant Y\leqslant 2G\leqslant Z\leqslant 2R$.从而 $R=B=G$,于是车量数一定可被 3 整除.

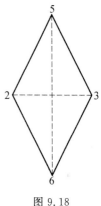

图 9.18

63. 考虑 $\triangle ACF$ 的旁切圆,它与边 AF 内切.因为 CH 是 $\angle ACF$ 的平分线,AH 是 $\angle XAF$ 的平分线(图 9.19),H 是这个旁切圆的圆心.因此 FH 是 $\angle BFA$ 的平分线,于是 $\angle HFA=\angle BFA/2$.同理 $\angle GFA=\angle CFA/2$.故

$$\angle GFH = \angle GFA + \angle HFA = \frac{\angle CFA + \angle BFA}{2} = 90°$$

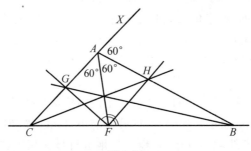

图 9.19

64. 设奥林匹亚王国有 n 个城镇($n \geqslant 7$). 我们将对 n 用归纳法证明这个命题成立. 与大多数用归纳法证明的情形不同, 现在主要的困难在于证明归纳基础 $n=7$. 首先, 我们来证明归纳步骤.

引理 可以选择 1 个城镇, 使不少于 2 条道路可以离开它和不少于 2 条道路可以到达它.

证 假设引理不成立. 我们可以把每个城镇叫作"进入的"城镇或"出来的"城镇, 这取决于不少于 $n-2$ 条道路连接这个城镇与另一个城镇的哪一种道路类型, 例如, 选择"出来的"城镇——它包含较多的城镇——显然, 不少于 4 个城镇. 因此, 至少存在 1 个"出来的"城镇, 有不少于 2 条道路进入这个城镇且离开其他一些"出来的"城镇.

连接各个"出来的"城镇的道路数等于 $A(A-1)/2$, 其中 A 是"出来的"城镇数, 并且它大于 A, 因为 $A \geqslant 4$. 应用鸽巢原理可推出引理.

为了证明归纳步骤 $n \to n+1$, 我们在思想上隔离引理给出的 1 个城镇, 其他 n 个城镇满足题目的条件, 于是我们可以从中选出 1 个城镇. 这个城镇就是整个集合要求的城镇. 这样就完成了归纳步骤的证明.

回到归纳基础, 把 7 个城镇组成的集合分成一些子集(所连接的城镇), 使得对来自相同子集的每 2 个城镇, 能够按照行车规则从一个城镇到达另一个城镇, 且不能把保持这个性质的 2 个城镇连接起来.

考虑 2 种情形:(a)至少有 3 个连接的城镇. (b)恰有 2 个连接的城镇. 第 1 种情形比较简单. 事实上, 我们可以把这些城镇之间的连接绘在图 9.20(a)上, 请记住, 连接 A_k 与 $A_m(k>m)$ 的每条道路都是从 A_k 开始到达 A_m 的. 显然, 在 A_2 中的任意城镇都是要求的城镇.

此外, 在第 2 种情形下还有 2 个子情形:(i)A_1 与 A_2 分别包含 3 个和 4 个城镇(或 4 个和 3 个). (ii)A_1 与 A_2 分别包含 1 个和 6 个城镇(或 6 个和 1 个). 这可由以下事实推出:分布(2,5)不是这种情形, 因为连接的城镇显然不能恰好包含 2 个城镇. 在第 2 种情形下的子情形(i)可以检验城镇 A_2, 如图 9.2(b)所示(无论怎样, 第 6 条道路是定向的), 于是国王可以选择城镇 C, 以便作出把王国的城镇与道路连接起来的图. 在第 2 种情形下的子情形(ii)中, 城镇 A_2 如图 9.20(c)所示(这对爱思考的读者来说是有益的练习). 设按照所写顺序, 道路 AC, BD, CE, DF, EA, FB 中至少有 1 条是定向的. 若 AC 是定向的, 则 B

是要求的城镇. 在相反情形下(图 9.20(d)),国王可以检验这 6 个城镇中的任意一个.

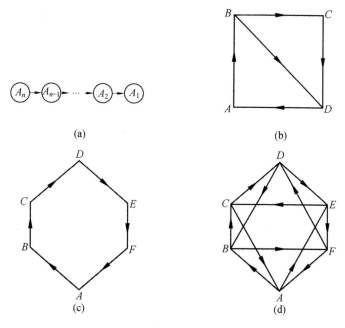

图 9.20

65. 假设 f 不是常数,可以求出实数 x,y 使 $f(x)<f(y)$. 不失一般性,我们可以把 y 看作在 x 与 $x+f(x)$ 之间(图 9.21). 显然,存在直线 L 由方程 $x+ny=c$ 定义,其中 n 是某个正整数,它使图上的点 $(y,f(y))$ 与点 $(x,f(x)),(x+f(x),f(x+f(x)))(f(x+f(x))=f(x))$ 分开. 由中值定理或波尔查诺－柯西定理知,至少存在分别具有坐标 a 和 b 的 2 个点 A,B,同时在图上及直线上. 用归纳法检查 $f(x)=f(x+nf(x))$,其中 n 是正整数. 事实上

$$f(x+nf(x))=f(x+(n-1)f(x)+f(x))(由归纳假设)$$
$$=f(x+(n-1)f(x)+f(x+(n-1)f(x)))$$
$$=f(x+(n-1)f(x))$$
$$=f(x)$$

因此,$f(c)=f(a+nf(a))=f(a),f(c)=f(b+nf(b))=f(b)$. 因此 $f(a)=f(b)$,$a+nf(a)=b+nf(b)$,所以 $a=b$,这与假设矛盾.

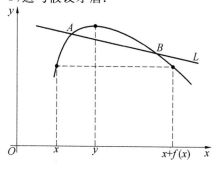

图 9.21

66. 把给定数按顺时针方向记作 $a_1, a_2, \cdots, a_n$. 首先,我们考虑具有整数指标的无穷数列,$\cdots, x_{-1}, x_0, x_1, x_2, \cdots$,使 $x_{k+1} - x_k = a_{k(\bmod n)}$,其中 $k(\bmod n)$ 表示 k 对模 n 的余数. 其次,为了叙述在 a_{i-1}, a_i, a_{i+1} 上给定的变换,对每个整数 p,考虑 x_{i+pn} 与 x_{i+pn+1} 的同时变换系统. 显然,差数列 $\{x_{k+1} - x_k\}$ 恰好可以用给定方法做变换(见问题 50 的解答中的类似理由). 因此,我们必须证明,我们可以用这种方法来做这些运算,使所有的差变为非负的,或者使数列 $\{x_k\}$ 变为非递减的. 因为集合 $\{x_k\}$ 是不变的,所以我们断定只有一种方法可以得到非递减数列,它包含集合 $\{x_k\}$ 中的所有数. 这证明了,由非负数组成的所有 n 元数组只能通过圆的旋转来得到彼此.

因此,我们只需证明,我们几乎不能得到相同的数列 $\{x_k\}$,但是具有变动的指标. 为了证明这一点,考虑数列的一部分 $x_0, x_1, \cdots, x_{n-1}$. 在所描述的运算下,这部分中各数之和保持不变. 实际上,若变换是在这部分内进行的,则它是显然的. 若它包含边界数,则一部分 $\{x_0, x_1, \cdots, x_{n-2}, x_{n-1}\}$ 变为另一部分

$$\{x_{-1}, x_1, \cdots, x_{n-2}, x_n\} = \{x_{n-1} - S, x_1, \cdots, x_{n-2}, x_0 + S\}$$

其中 S 是写在圆上的各数之和,由此便推出了这个性质. 剩下需要注意的是,在变动的一部分 $\{x_k, x_{k+1}, \cdots, x_{k+n-1}\}$ 内各数之和与一部分 $\{x_0, x_1, \cdots, x_{n-1}\}$ 内各数之和相差 kS,这样就完成了证明.

10 第 57 届奥林匹克解答(1991)

1. 有多少个孩子有相同数量的小铁钉和螺栓呢？显然 40－15＝25，并且不多于 10 个孩子拥有相同数量的螺钉和小铁钉.因此,其他孩子中至少有 15 个孩子有不同数量的螺钉和螺栓.

2. 答案是否定的.把约翰给出 2 股的交易数记作 k,给出 3 股的交易数记作 m.现在,我们可以看出一定有 $k＝m$,因为约翰的股数在所有改变后保持不变,且恰有 k 个运算把 1 加到这个数上,正如 m 从这个数减去 1 一样.因此,约翰在交易中给出 $2k＋3k＝5k$ 股,但是这个数不能等于 1 991(因为 1 991 不是 5 的倍数).

3. 把各辆汽车的速度分别记作 a,b,c,d,把从开始到 A 第 1 次遇见 C,B 第 1 次遇见 D 的时刻所用的时间记作 t;把环形公路的长度记作 S.我们有 $at＋ct＝S,bt＋dt＝S$,于是我们可以断定 $a＋c＝b＋d,a－b＝d－c$.假设 $a＞b$,我们把 A 第 1 次追上 B 的时间记作 T.也就是说,A 通过整个环形路追上 B.于是 $aT＝bT＋S,T＝S/(a－b)＝S/(d－c)$.因此,只有在 A 追上 B 时,D 才第 1 次追上 C.

4. 我们将证明,使男爵的陈述成立的最大天数等于 6.假设他重复这个陈述需要 7 天,我们将它绘在图上,并用顶点表示天数,箭头表示这些天中被射击的鸭子数目之间的关系(图 10.1).例如,2→4 表示在 8 月 4 日,男爵射击的鸭子比 8 月 2 日多.显然,在 8 月 7 日,他的陈述将是错误的,因为每个箭头表示一个严格不等式,而这些不等式链不可能是闭合的.

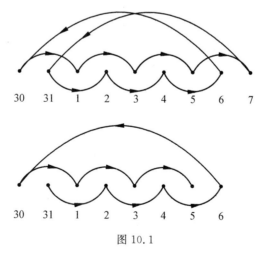

图 10.1

现在我们需要证明,男爵的陈述在 6 天内可能是正确的.已知,7 月 31 日男爵射击的鸭子最少,我们有一个与不同天中射击的鸭子数目有关的不等式链.例如,合适的计划是 7 月 31 日射击 1 只鸭子,8 月 2 日射击 2 只鸭子,8 月 4 日射击 3 只鸭子,而 8 月 5 日射击

8 只鸭子.为了完成证明,我们需要注意,在 7 月 30 日之前的几天中,男爵应该射击很多鸭子,比如说 1 000 只是完全足够了.

5. 无论本氏怎样做,朱莉都可以用以下方法作出规定的三角形:把每根木棍分别折成长为 1/2,1/4,1/4 的部分.将从本氏的操作得出的每部分长分别记作 x,y,z,设 $x \leqslant y \leqslant z$.现在,我们利用以下事实:为了使正整数 a,b,c 可以作为三角形的边长,当且仅当 $a < b+c$ 且 $a > |b-c|$.显然 $z < 1$,于是,我们可以作出一个边长为 z,1/2,1/2 且各边具有不同颜色的三角形.同理,关系式 $x+y+z=1$,$x \leqslant y \leqslant z$,$x,y > 0$ 表明 $x,y < 1/2$,因此存在边长分别为 x,1/4,1/4 和 y,1/4,1/4 的三角形.

6. 我们将叙述一种锦标赛的方案,其中所考虑的性质不会出现.把 9 个队分成 3 组,每组包含 3 个队,考虑以下可能的结果:在每组中任意一队恰好获胜 1 次;第 1 组所有的队打败了第 2 组的各队;第 2 组所有的队打败了第 3 组的各队;第 3 组所有的队打败了第 1 组的各队.我们可以把这些情况描绘在图 10.2 上,其中 $x_1 \rightarrow x_2$ 表示 x_1 队打败了 x_2 队,依此类推.现在我们来证明,对任意两队 A 和 B,可以找到另一队都打败 A,B.有两种可能的情形:(a)若 A 与 B 属于同一组,则这两队都输给了另一组的一队.(b)若 A 与 B 来自不同组,且 A 打败了 B,则包含 A 的那组中任意一队打败了 B,且他们中恰有一队战胜了 A.

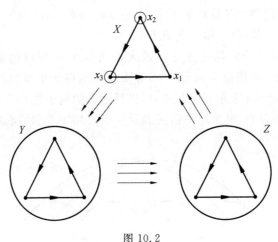

图 10.2

7. 见图 10.3.

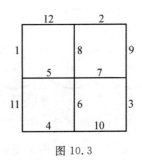

图 10.3

8. 答案是 12 个潜水员. 假设他们找到了 $729=3^6$ 颗珍珠. 让第 1 个潜水员取出这堆珍珠的三分之一,则剩下的珍珠数量是 $486=2\cdot3^5$ 颗. 于是,第 2 个潜水员可以取出剩下珍珠的一半,当珍珠的数量变成 3^5 之后,下一个潜水员可以取出三分之一,留下 $2\cdot3^4$ 颗珍珠,依此类推. 我们可以看到,这堆珍珠的数量每次从 3^p 变为 $2\cdot3^{p-1}$ 或从 $2\cdot3^p$ 变为 3^p. 因此,每个潜水员可以轮流取出剩下珍珠的一半或三分之一. 现在,我们必须证明 13 个潜水员无法参加分配. 设 p 个潜水员取出这堆珍珠的一半,q 个潜水员取出这堆珍珠的三分之一,r 颗珍珠被献给了大海. 于是,有 $2^p\cdot(3^q/2^q)\cdot r=2^{p-q}3^q r$ 颗珍珠,我们有

$$10^6=1\,000^2\geqslant(2^{p-q}3^q r)^2\geqslant2^{2p-2q}3^{2q}$$
$$=4^{p-q}3^{2q}\geqslant3^{p-q}3^{2q}$$
$$=3^{p+q}$$

因此 $p+q\leqslant12$.

9. 把人类、精灵、矮人和侏儒的数量分别记作 P,G,D,S. 设他们围坐在桌子旁,使得没有同一部落的 2 个代表坐在一起. 我们来证明,这个假设蕴含等式 $P+D=G+S$. 假设 $P+D>G+S$. 这表示人类和矮人占用超过一半的座位,因此他们中至少有 2 个坐在一起. 但是人类不可与矮人挨着坐,由假设,人类不能与人类挨着坐,对矮人也是如此. 这个矛盾证明了 $P+D=G+S$. 但是这个等式是不可能成立的,因为代表的总数 1 991 是奇数. 这样就完成了解答.

10. 作出这个四边形的对角线 BD(图 10.4). 显然 $\angle DBA<\angle BAD$,因而 $BD>AD=3$. 现在,由三角形不等式,有 $BC+CD>BD$,即 $1+CD>3$. 因此 $CD>2$.

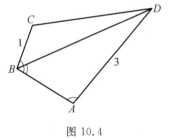

图 10.4

11. 唯一可能的数是 19. 我们来证明,对任意 $N>20$ 或 $10<N<19$,存在由 N 个数组成的集合,它包含负数,但这个集合中任意 10 个数之和大于其他各数之和. 若 $N>20$,则包含 N 个数 -1 的集合是合适的. 若 $10<N<19$,则包含 1 个数 (-1) 与 $N-1$ 个数 2 的集合满足我们的需要,现在,我们考虑 $N=19$ 的情形. 把这个集合的各数记作 $a_1,a_2,\cdots,a_{19}$,使 $a_1\leqslant a_2\leqslant\cdots\leqslant a_{19}$,则有

$$a_1+a_2+\cdots+a_{10}\geqslant a_{11}+\cdots+a_{19}$$

因此

$$a_1>(a_{11}-a_2)+\cdots+(a_{19}-a_{10})\geqslant0$$

由此,我们断定 a_1 是正数. 因为 a_1 是这个集合中最小的数,所以我们可以推出这个集合中所有的数都是正的.

12. **证 1** 假设有 2 个城镇 A 和 B,无法乘火车在途中访问不超过 2 个其他城镇的情况下从 B 到达 A. 我们打算证明,对于任意一对城镇,汽车是合适的交通方式. 考虑任意 2 个城镇 C 和 D(它们可以与 A 和 B 重合). 注意到,C 不能通过铁路与 A 和 B 都连接,因为这意味着可以只经过一个城镇 C 就能从 B 到达 A. 对于 D 也是如此. 这使得我们只剩下两种可能的情况. 如果 A 或 B 与 C 和 D 都通过公路相连,那么我们就完成了证明. 否则,只需要注意连接 A 和 B 的道路是一条公路即可. 这两种情况如图 10.5 所示.

证 2 假设有 2 个城镇 A 和 B,我们不能乘火车从 B 到达 A,而在途中最多只能访问

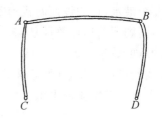

图 10.5

2 个其他城镇. 类似地,选择 C 和 D,使得我们不能乘汽车从 D 到达 C,而在途中最多只能访问 2 个城镇. 现在只考虑这 4 个(或更少)城镇以及连接它们的道路. 我们可以通过检查得出结论,其中一种交通方式可以连接这 4 个城镇内的所有城镇. 这给我们带来了所需的矛盾.

13. 对一般情形,请见问题 19 的解答.

15. 我们来证明,X 的十进制表示恰好包含 2 个数字. 显然,$X>10$,若 X 包含多于 2 个数字,则有 $X \geqslant 100$,因而

$$\overline{XX} \geqslant 100X \geqslant 90X + 1\,000 > 10X + 1\,000 \geqslant P(X) + 1\,000$$

现在,我们可以把 X 记作 $10a + b$,其中 a, b 是非零数字,且 $\overline{X} = 10b + a$. 因此,有关于 a 和 b 的以下条件:$(10a + b)(10b + a) = 1\,000 + ab$ 或 $10ab + a^2 + b^2 = 100$. 因为 $a^2 + b^2 \geqslant 2ab$,所以我们可以推出 $12ab \leqslant 100$,即 $ab \leqslant 8$(它们是整数). 注意 $a^2 + b^2$ 可被 10 整除,我们有合适的 3 对:$\{1,3\}, \{1,7\}, \{2,4\}$,我们可以断言只有最后一对满足条件. 因此,答案是 24 和 42.

17. 设直线 AX, AY 分别与 BC 相交于点 K 和 L(图 10.6). 注意 CY 同时是 $\triangle ACL$ 的角平分线和高,因此 $\triangle ACL$ 是等腰三角形. 从而 $CL = AC, LY = YA$. 对 $\triangle ABK$ 的类似推理可以得出 $AB = BK, AX = XK$. 因此,XY 是 $\triangle AKL$ 的中位线,我们有以下等式链

$$2XY = KL = BK + BC + LC = AB + BC + AC$$

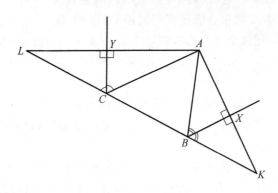

图 10.6

18. 首先,我们做一个有益的观察:函数 $f(x) = x^2 + x + 1$ 与 $g(x) = x^2 - x + 1$ 由等式 $g(x) = f(x-1)$ 相关联. 因此 $99^2 + 99 + 1 = 100^2 - 100 + 1$. 利用关系式 $a^3 \pm b^3 = (a \pm b) \cdot (a^2 \mp ab + b^2)$,有

$$\frac{1\cdot2\cdot3\cdot\cdots\cdot99\cdot(2^2+2+1)\cdot\cdots\cdot(99^2+99+1)\cdot(100^2+100+1)}{3\cdot4\cdot\cdots\cdot100\cdot101\cdot(2^2-2+1)\cdot(3^2-3+1)\cdot\cdots\cdot(100^2-100+1)}$$

$$=\frac{10\ 101\cdot2}{3\cdot100\cdot101}$$

$$=\frac{3\ 367}{5\ 050}$$

19. 给棋盘上 n^2 个方格标上星号,如图 10.7 所示,则 (a)(b)(c) 型的任意图形最多包含 1 个已标记的方格.设把棋盘分成 x 个 (a) 型图和 y 个 (b) 型及 (c) 型图,则我们可以得出不等式 $x+y\geqslant n^2$ 和等式 $3x+4y=(2n-1)^2$.因此

$$4x\geqslant4n^2-4y=4n^2-(2n-1)^2+3x=4n-1+3x$$

由此我们可以断定 $x\geqslant4n-1$.

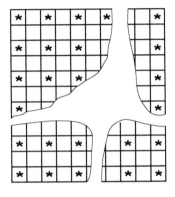

图 10.7

20. 考虑集合 $A=\{1,2,\cdots,9,-45\}$,$B=\{-1,-2,\cdots,-9,45\}$.我们可以肯定 $A(5)=B(5)$.实际上,对 $A(5)$ 中任意一个和 X,可以求出 B 中 5 个数之和等于 $-X$.但是 B 中各数总和等于 0.若选出和为 $-X$ 的 5 个数,则其他 5 个数之和是 X.因此,$A(5)$ 中任意一个 X 也属于 $B(5)$.反之,$B(5)$ 包含在 $A(5)$ 中.因此,$A(5)=B(5)$.

21. 见问题 28 的类似解答.

22. 首先,过点 A 作出一条直线平行于 BC,在这条直线上标出点 Y',使 $AY'=BX$(图 10.8).可见 $YY'>AC$,因为 $AB>BC$ 与 $AX=BY$ 蕴含 $BX>YC$,即 $AY'>YC$(当然,我们利用了 $\angle CAY'$ 是钝角这个事实).现在,由三角形不等式有 $XY'+XY\geqslant YY'\geqslant AC$.剩下的只需要注意 $\angle Y'AB=\angle ABC$,因此 $\triangle AXY'\cong\triangle BYX$,故 $XY=XY'$.这表示 $2XY\geqslant AC$.

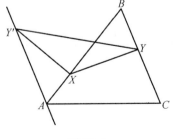

图 10.8

23. 我们将证明 $x^2+y^2+z^2=(x+y-z)^2$，其中 z 是三角形最短边的边长. 显然，只需要证明 $xy-xz-yz=0$，即 $1/z=1/x+1/y$ 即可. 把三角形的面积记作 S，边长为 x,y,z 的边上的高的长分别记作 h_x,h_y,h_z，则有

$$S=\frac{1}{2}xh_x=\frac{1}{2}yh_y=\frac{1}{2}zh_z$$

其中 h_z 最大，因为它是最短边上的高的长. 因此 $h_z=h_x+h_y$，由此得出关系式 $2S/z=2S/x+2S/y$，将上式两边除以 $2S$ 即可得出要求的结果.

24. 假设 $a_1<10^p$，只需证明数列 $\{a_n\}$ 中各个数以 10^p 为界即可. 设某个 a_n 原来不小于 10^p，它是此数列中具有这个性质的第 1 个数. 注意 $|a_n-a_{n-1}|\leqslant 9$. 于是，我们可以推出 a_{n-1} 属于区间 $[99\cdots 91,99\cdots 99]$，因为此数列的各项不能跳过 9 个连续自然数. 显然，a_n 是由 a_{n-1} 用数字加法得出的，即 a_{n-1} 是用减法得出的（这表示 $n-1$ 是偶数）. 因此有 $a_{n-2}>a_{n-1}$，因为 $a_{n-2}<10^p$，所以推出 a_{n-2} 属于区间 $[99\cdots 91,99\cdots 99]$. 但这是不可能的，因为 $99\cdots 9a$ 中的一个数与它的任意一个数字（9 或 a）之差小于 $99\cdots 91$，这与 a_{n-1} 在从 $99\cdots 91$ 开始的区间中矛盾.

25. 把 $\angle APO$，$\angle PCO$，$\angle CPO$ 分别记作 ϕ,α,β，则正弦定理蕴含

$$\frac{PO}{\sin\alpha}=\frac{CO}{\sin\beta}=\frac{PO\sin\phi}{\sin\beta}$$

考虑点 A 与 X 在直线 PO 上的投影——点 A' 与点 X'（图 10.9）. 计算 PA' 和 PX' 的长度，得

$$PA'=PO\cos^2\phi$$
$$PX'=PO-OX\sin\beta$$
$$=PO-(CO/\sin\alpha)\cdot\sin\beta$$
$$=PO-(CO/\sin\alpha)\cdot\sin\alpha\cdot\sin\phi$$
$$=PO-CO\sin\phi$$
$$=PO(1-\sin^2\phi)$$
$$=PO\cos^2\phi$$

于是，点 A' 与 X' 重合，当且仅当这两点在 PO 的垂线上时，它们在直线 PO 上的投影才重合.

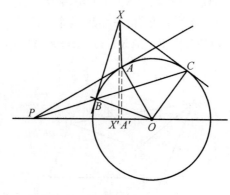

图 10.9

26. 为了方便起见,本题的解答将用图论的语言来表述(它要求读者具备一些知识,但在本质上简化了所有的证明). 考虑一个图,其中会议参加者站在它的顶点上,它的边表示他们之间的熟人. 这个图由一个或几个连通分支组成. 删去所有"不需要"的边,使每个分支仍然连通,即变成一棵树. 现在我们可以找出某个顶点 X,它恰好与另一个顶点连通(这样的 X 称为悬挂顶点),比如说是 Y,我们用只与 Y 连通的所有顶点和 Y 本身建立了第 1 组. 这种构造保证了,在不包含第 1 组顶点的集合中,每个顶点至少与另一个顶点连通(这样的顶点可以与第 1 组中唯一的顶点 Y 连通,但是在这种情形下,它必须还至少与另外一个顶点连通,这是第 1 组选择算法的直接结果). 也就是说,在第 1 组被引用时,它们并不会失去"联系". 值得注意的是,在不包含第 1 组顶点的集合中,没有一个顶点与这个集合中所有其他顶点连通,否则,这个顶点将与 Y 结合成一对,且不满足以下条件:对任意两个顶点,可以找到与这两个顶点连通的另一个顶点.

现在,对于各顶点不包含在第 1 组中的运算重复进行上述操作,这个过程将导致要引用第 2 组,并且可以肯定的是,有一些顶点不属于被引用的组,由此形成第 3 组. 因此有 3 个非空组,它们的构造保证了任意一个顶点至少与同组的另一个顶点连通.

27. 首先,我们把圆上所有的偶数变为 0,所有的奇数变为 1,因为对于我们的目的来说,唯一重要的是知道某个数是奇数还是偶数. 允许的运算可以分为 3 种类型:(a)$\cdots 000 \cdots \rightarrow \cdots 0 \cdots$,(b)$\cdots 001 \cdots \rightarrow \cdots 1 \cdots$ 或 $\cdots 100 \cdots \rightarrow \cdots 1 \cdots$ 和(c)$\cdots 101 \cdots \rightarrow \cdots 0 \cdots$. 注意,(a)和(b)类型的运算减少 2 个 0,(c)类型运算不改变这个数,对应的事实对 1 的个数成立. 因此,圆上数的总个数,0 的个数与 1 的个数在整个过程中模 2 保持不变.

因此,若在给定的排列中 0 的个数是奇数,则迟早将有一个排列包含一个 0 与几个 1. 然后,我们可以只作(c)类型的运算,最后将得到数字 1 与 0 之一(若在开始的排列中数的总个数是偶数),或一个 0(若数的总个数是奇数). 这样就在开始时有奇数个 0 的情形下详细地讨论了所有的可能性.

现在,我们必须讨论另一种更"不愉快"的情形. 我们打算在圆上建立数字排列的某个示性数,将其作为工具使用. 考虑具有奇数长度的 0 不间断的链(图 10.10(a)). 这些链把所有其他的数分为一些组. 从这些组中选出任意一组作为初始组,沿顺时针方向移动,并给它们标上数 $1,2,\cdots$(图 10.10(b)). 注意,组数是偶数,因为假设 0 的总个数是偶数,这意味着一定有偶数个链都包含奇数个 0. 把标记数 i 的组中 1 的个数记作 a_i. 现在,我们可以断定,若有 $2n$ 组,则表达式 $S = |a_1 - a_2 + a_3 - \cdots - a_{2n}|$ 是数字排列正确定义的示性数(所谓正确,指的是示性数不依赖于标记数 1 的初始组的选择). 我们将证明,运算(a)(b)(c)不改变所建立的示性数的值. 这可简化正在研究的一些情形.

①(a)(b)类型的运算不会影响组数,当然也就不会影响此组中 1 的个数.

②应用于片段 $\cdots 11011 \cdots$ 的(c)类型运算不改变组数,它只由 2 个相邻组中 1 的个数减去 1 得出,但是这些数包含在具有相反符号的示性数中.

③我们把检查(c)类型运算改变组数这种情形留给读者作为练习.

现在,我们来完成解答. 如果初始排列包含偶数个 0,那么最后的排列看起来将会是什么样的呢?它仅由 1 或恰好 2 个 0 组成. 因此,最后排列的示性数等于圆上 1 的个数. 但是,从一开始我们就知道这个数,因为 S 不会被所做的运算而改变. 因此,最后的排列

恰好由 S 的初值确定,运算顺序并不重要,这样我们就可以休息一下了.

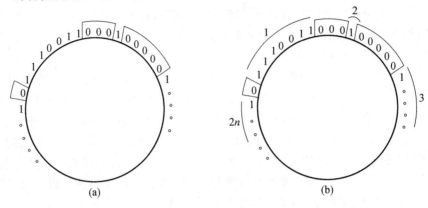

图 10.10

28. 将题中表达式左边的值记作 M_1,右边的值记作 M_2,设 $M_1 < M_2$. 我们可以假设 $M_2 = A^2 - A$,则 $A^2 - B < M_2$,$B > A$. 因此 $B^2 - C < M_2$ 表示 $C > A$,从而 $C^2 - D < M_2$ 蕴含 $D > A$. 但是,现在我们有不等式 $D^2 - A > A^2 - A$,这与假设 $M_1 < M_2$ 矛盾.

29. 关于圆与它上面的点的相互安置,存在几种不同的可能性. 考虑一个具体排列,把其他排列留给读者作为练习. 将所讨论的情形绘在图 10.11 上. 设直线 O_1A 与另一个圆相交于点 P',则有

$$\angle AP'O_2 = \angle P'AO_2 = 180° - \angle O_1AO_2 = 180° - \angle O_1BO_2$$

而这意味着四边形 O_1BO_2P' 是圆内接四边形,因此 P' 与 P 重合.

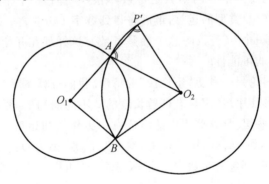

图 10.11

30. 所有需要的论证已在问题 26 的解答中给出.

31. 我们用图来说明这个证明(图 10.12). 把边长为 $1/10$ 和 $f(i/10)$ 的矩形记作 S_i,把边长为 $f^{-1}(i/10)(i = 1, 2, \cdots, 9)$ 和 $1/10$ 的矩形记作 P_i. 由 f 的性质知,所有的矩形 S_i 都位于正方形 $[0,1] \times [0,1]$ 中 f 的子图上. 类似地,所有的 P_i 都位于 f 的上方图上. 显然,和 $1/10(f(1/10) + \cdots + f(9/10) + f^{-1}(1/10) + \cdots + f^{-1}(9/10))$ 等于 S_i 与 P_i 的面积之和. 剩下需要注意的是,S_i 与 P_i 中没有一个与边长等于 $1/10$ 的小阴影正方形相交,因此,我们断定,S_i 与 P_i 的面积之和不大于 $99/100$,即和 $f(1/10) + \cdots + f(9/10) + f^{-1}(1/10) + \cdots + f^{-1}(9/10)$ 不大于 $99/10$.

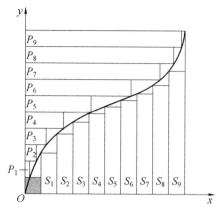

图 10.12

32.关键的考虑是,第 2 个运算不改变给定数对模 37 的余数.为了证明这一点,我们需要注意,若 X 有十进制表示式 $\overline{a_1 a_2 \cdots a_{n+3}}$,则第 2 个运算把它变换成数 X',即 $\overline{a_1 a_2 \cdots a_n} + \overline{a_{n+1} a_{n+2} a_{n+3}}$,且

$$X - X' = 1\,000 \cdot \overline{a_1 a_2 \cdots a_n} - \overline{a_1 a_2 \cdots a_n}$$
$$= 999 \cdot \overline{a_1 a_2 \cdots a_n}$$

因为 999 是 37 的倍数,所以我们可以断定 $X - X'$ 可被 37 整除,即 X 与 X' 对模 37 有相同的余数. 604 对模 37 的余数等于 12,而 703 是 37 的倍数. 于是,我们需要很认真地证明,利用 2 个给定类型的运算,不能把对模 37 有给定余数 12 的一个数变换成另一个数,因为它是 37 的倍数. 但这是不可能的,因为只有第 1 个运算才能改变对模 37 的余数,而平方不能把一个不可被 37 整除的数变换成 37 的倍数.

33.过点 P 作直线 L 的垂线 PH(图 10.13(a)). 然后,我们把包含多边形 M 的所有边与垂线左边的所有直线涂成红色,在垂线右边的所有直线涂成蓝色.所有相同颜色的直线有自然的顺序,此顺序由它们与 L 的交点和垂线 PH 的足点 H 之间的距离确定.令 S 是 M 在第一条红色直线上的边(在各红色边中最靠近 H). 因为直线 L 与 M 的所有边相交于内点,所以 S 的一个端点 E 在直线 L 的上方.我们来证明,以 E 为端点的另一边属于第二条红色直线.实际上,因为任何蓝色直线都与直线 L 下方第一条红色直线相交,所以只需证明,线段 KA 的长度(图 10.13(b))被认为是距离 KF 的增函数即可.

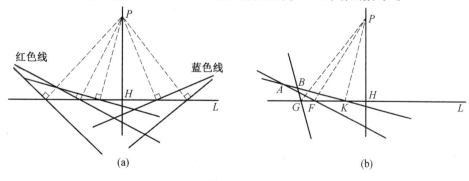

图 10.13

现在假设相反情况，对某个点 G(G 在 L 上，F 的左边)，有 $KB < KA$(图 10.13(b)).则 $\angle BPG < \angle APF$，但是四边形 $APKF$ 和 $BPKG$ 是圆内接四边形，因此 $\angle BPG = \angle BKG = \angle AKF = \angle APF$，由此产生矛盾. 因此，在第一条与第二条红色直线上的各条线段是相邻线段，利用类似方法可以得到更多对的相邻边(第一条边是蓝色的，第二条边是蓝色的；第一条边是红色的，第二条边是蓝色的；第一条边是红色的，第二条边是红色的)，由此得到一个封闭链，它包含 n 边形 M 的四条边，这意味着 n 的唯一正数值是 4.

34. 将红色、蓝色和绿色的方格数目分别记作 R, B, G.首先证明 $R \leqslant 3B$. 我们可以把每个红色方格与它相邻的一个蓝色方格结合起来. 当然，可能会出现我们把相同的一个蓝色方格与几个红色方格结合起来的情况，但是我们可以肯定有不多于 3 个红色方格与同一个蓝色方格结合起来. 这是显然的，因为每个蓝色方格至少有一个相邻的绿色方格，任意一个方格有不多于 4 个相邻的方格. 因此 $R \leqslant 3B$.同理，有 $B \leqslant 3G, G \leqslant 3R$. 接下来(也是更复杂的)是证明不

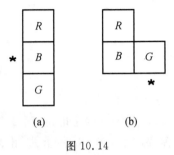

图 10.14

等式 $R \leqslant B + 4G$. 对每个红色方格，我们考虑由 3 个方格组成的链：一个红色方格，与红色方格相邻的一个蓝色方格，以及与这个蓝色方格有公共边的一个绿色方格. 有两种可能类型的链(图 10.14).

现在如有可能，我们把每个红色方格与图 10.14(b)所示类型的链结合起来(当然，我们只在包含红色方格的链中选择). 然后，在图 10.14(a)所示类型的每个结合链中表示出蓝色方格，且在其他结合链中表示出绿色方格. 我们可以断言，任意蓝色方格最多被表示出一次，任意绿色方格最多被表示出四次. 由此得出要求的不等式 $R \leqslant B + 4G$，类似的论证证明了 $B \leqslant G + 4R$ 和 $G \leqslant R + 4B$. 现在，我们准备完成解答. 不等式 $G \leqslant 3R$ 和 $B \leqslant G + 4R$ 表明 $R + G + B \leqslant 11R, R + B + G = N^2$，因为它是棋盘上方格的总数. 为了证明不等式 $R \leqslant 2N^2/3$，我们注意到 $R \leqslant 3B$，且 $R \leqslant B + 4G$ 给出 $R \leqslant 2B + 2G$，即 $3R \leqslant 2(R + B + G)$.

36. 假设我们已经按题目要求把这些数分成了 3 组.考虑这些组中各数之和——对于某些 x, y, z，这些和看来像 $102x, 203y$ 和 $304z$. 于是，有

$$102x + 203y + 304z = 1 + 2 + \cdots + 100 = 5\,050$$

我们可以把这个表达式改写为

$$101(x + 2y + 3z) + (x + y + z) = 50 \cdot 101$$

这表示 $x + y + z$ 是 101 的倍数，因此 $x + y + z \geqslant 101$. 现在有

$$5\,050 > 101(x + 2y + 3z) \geqslant 101(x + y + z) > 101^2 = 10\,201$$

这与我们的假设矛盾.

38. 请见问题 24 的类似解答. 提示：检查当 $a_1 \leqslant 10^p - 10$ 时 $a_n < 10^p$，当 $a_1 \leqslant 4 \cdot 10^p$ 时 $a_n \leqslant 4 \cdot 10^p + 8$.

39. 答案是否定的. 为了证明这一点，注意

$$x^{11} - y^{11} = (x - y)(x^{10} + x^9 y + \cdots + x y^9 + y^{10})$$

因而 $x^{10} + x^9 y + \cdots + x y^9 + y^{10} = 1$ 蕴含关系式 $x^{11} - y^{11} = x - y$，即 $x^{11} - x = y^{11} - y$.上式对 4 个不同数的任意一对成立，这表示多项式 $f(t) = t^{11} - t + C$ 必有 4 个不同的实根

(此处,对于这 4 个数中的任意 x,C 等于 $x-x^{11}$ 的值). 但这是不可能的,因为在多项式的任意 2 个实根之间,一定有其导数的 1 个实根,正如 $f'(t)=11t^{10}-1$ 恰有 2 个实根,而不是 3 个实根一样.

40. 作 $\angle AXY$ 和 $\angle XYC$ 的平分线,把它们的交点记作 P(在图 10.15 中,点 P 在 $\triangle ABC$ 内,但我们将看到它的位置是不重要的). 显然,$\triangle AXR,\triangle CYQ,\triangle XYP$ 分别以比例 $AX/AC,XY/AC,YC/AC$ 与 $\triangle ABC$ 相似. 这些三角形完全覆盖了四边形 $AXYC$,于是有

$$S(AXR)+S(CYQ)+S(XYP)\geqslant S(AXYC)$$

即

$$S(ABC)\left(\frac{AX^2+XY^2+YC^2}{AC^2}\right)\geqslant S(AXYC)$$

(我们利用了以下事实:相似三角形的面积比等于相似比的平方.)

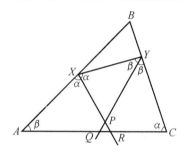

图 10.15

41. 我们把运输部(MT)的行动计划分为若干步骤.

(a)前 500 天的建设情况:建立"大回路". MT 必须建立一个长系列,这个系列包含 500 个用单行道连接起来的镇,如图 10.16(a)所示. 我们可以用任意方法做到这一点. 例如,MT 可以选出任意一个镇 A_1,然后选择任意一条开放道路 A_1A_2,接着再选出任意一条开放道路 A_2A_3,依此类推. 这是可能的,因为每个镇可以与其他 1 990 个镇连接. 建设部(MH)可以最多选出 1 500 条道路. 现在考虑这个系列中前 50 个镇和后 50 个镇. 它们由 2 500 条道路连接,因此这些道路中的一些道路未被选出,选择其中一条道路并朝向它,MT 可以建立不少于 400 个镇的回路(图 10.16(b)).

(b)接下来 30 天:中间步骤. 我们可以看到,在这个回路中最多有 1 591 个镇. 我们知道,这些"外部的"镇与这个回路中所有 400 个镇全部连接. 因为有 1 500 条道路已被选出,所以有不多于 15 个"外部的"镇与少于 300 个镇(这个回路中的)连接. 因此,在这 30 天中,MT 可以把这 15 个镇与其他各个镇("外部的"镇或来自这个回路的镇)连接,如图 10.16(c)所示.

(c)"游戏". 在之前的所有行动后,我们有以下情形:正如要求的一样,这个回路中的 $T(T\geqslant400)$ 个镇在这个回路中被连接. 一些"外部的"镇(不多于 15 个)与另外一些镇"完全"连接起来. 因此,只需用两条相反方向的单行道,把每个其余的"外部的"镇与这个回路连接即可.

引理　两个人 X_1 和 X_2 玩一个游戏. 有 N 堆石头,每堆至少包含 300 块石头. 之后,

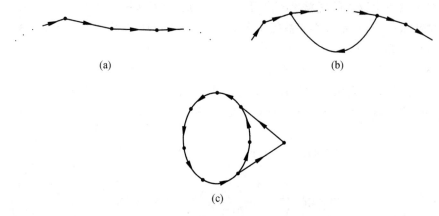

图 10.16

从这些堆中取出 90 块石头. X_1 只能从这些堆中任取 3 块石头. X_2 可以给任意一堆的一块石头加上特殊标记. X_1 不能取带有标记的石头. 若一堆石头中有 2 块已标记的石头,则 X_1 不能从这堆取石头. 当 X_1 从某堆中取出最后一块石头时,X_1 获胜,当 X_1 最后行动前 X_2 给每堆石头都标记了两次时,X_2 获胜. 因此,当双方都发挥完美且 $N < 1\ 600$ 时,X_2 获胜.

证 让我们考虑另一个游戏. 设想有 $2N$ 堆石头,每堆至少包含 150 块石头. 从中取出某 90 块石头. 另一个改变是,X_1 不能从至少含有一块有标记石头的那堆中取出石头.

假设我们已经证明了,X_2 总能在这个修改后的游戏中获胜,则让我们在脑海中把原来游戏中的每堆石头分成 2 个相等的部分,即"上部分"与"下部分". 不失一般性,可设 X_1 总可以从"上部分"取出石头,直到取出这堆中第一块有标记的石头. 在这堆中的第一块石头被标记后,X_1 只能从"下部分"取出石头. 因为修改后游戏的获胜策略是,X_2 从不标记 X_1 已取过石头的那堆中的石头,所以我们可以推出 X_2 在原来的游戏中总能获胜.

于是,只需对修改后的游戏提出获胜策略即可. 这很容易表述. 若 X_1 从同一堆中取出 3 块石头,则 X_2 必须给这堆中的任意一块石头加上标记. 否则 X_2 必须给石头数最少的那堆中的任意一块石头加上标记,这里只考虑已经被 X_1 取过石头的那些堆. 假设这个策略不起作用,第 1 个人获胜. 首先,我们可以假设 X_1 不用任何方法从一堆中取出 3 块石头(当然除了最后一堆),因为这堆会立即被加上标记. 在 X_2 的最后一次(第 k 次)行动前,至少有两堆最多包含 3 块石头. 显然,在 X_2 第 $k-1$ 次行动后,至少有未被标记的一堆包含不多于 4 块石头. 因此在 X_2 第 $k-1$ 次行动前,至少有两堆最多包含 4 块石头. 继续这个论证且利用相反的归纳法,我们得出,在 X_2 做 148 次行动期间被他加上标记的各堆分别最多包含 $3, 4, 5, \cdots, 150$ 块石头. 因此,X_1 至少取出了 $(1 + 2 + \cdots + 147) - 90 = 10\ 788$ 块石头. 所以他至少做了 3 596 次行动,但这是不可能的,因为 $2N < 3\ 200$. 显然,这个游戏不能让 X_2 做出超过 3 200 次的行动.

现在,我们可以用这个引理来完成解答. 事实上,我们可以把"外部的"镇与回路连接的各条道路看作"石头",把"外部的"镇本身看作"堆". 此外,把建立一条单向道路看作"被标记的石头". 我们得出,第 2 个人(MT)可以用两条单向道路(图 10.16(c))把每个"外部的"镇与回路连接起来.因此,在这个"游戏"结束时,我们可以从任意一个镇到达其他每个镇.显然,在 2 个地球旅行部门之间的整个"游戏"过程中,这个性质在这个游戏期间都成立.

42.把给定的数记作 $a_1,a_2,\cdots,a_{70}$,考虑以下由 210 个数构成的数列:$a_1,a_2,\cdots,a_{70}$,$a_1+4,a_2+4,\cdots,a_{70}+4,a_1+9,a_2+9,\cdots,a_{70}+9$.因为所有这些数都不大于 209,所以由鸽巢原理断定,有 2 个相等的数 a_i+x 和 a_j+y,其中 x,y 的值可以为 0,4 或 9.因此 a_i 与 a_j 之间的差等于 4,5 或 9($x=y$ 的情形是不可能的,因为各个数 a_k 是不同的).

43.我们来证明,本题的轨迹是直径为 AB 的圆(图 10.17).考虑 $\triangle AXY$.$\angle AYB$ 是一个圆的弦 AB 所对的角,于是 $\angle AYB=1/2\angle AOB$,其中 O 是这个圆的圆心.因此,$\angle AXY=180°-\angle AXB$.我们看到,$\angle AXB=(360°-\angle AOB)/2$($\angle AXB$ 也是弦 AB 所对的角,但是在另一边).因此 $\angle AXY=1/2\angle AOB=\angle AYB$,由此推出 $\triangle AXY$ 是等腰三角形.所以线段 XY 的中点 C 是 $\triangle AXY$ 的高线足.因此 $\angle ACB=90°$,这表明 C 在直径为 AB 的圆上.另一方面,这个圆上的所有点都可以看作某条线段 XY 的中点.

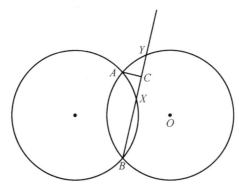

图 10.17

44.我们通过对队数 n 进行归纳来证明,当 $n=2$ 时结果是显然的.设各数 A_i 以递增顺序排列:$A_1\leqslant A_2\leqslant\cdots\leqslant A_n$.显然 $A_n\leqslant 2n-2$,因为各数的总和等于 $n(n-1)$,$A_1+A_2+\cdots+A_{n-1}$ 不小于 $(n-1)(n-2)$.我们可以把数 $2n-2-A_n$ 表示为 $y_1+y_2+\cdots+y_k$,其中 $y_1=y_2=\cdots=y_{k-1}=2$,并且当 $2n-2-A_n$ 是奇数时 $y_k=1$,或在相反情形时 $y_k=2$.容易检验,由 $n-1$ 个数 $A_1,A_2,\cdots,A_{n-k-1},A_{n-k}-y_k,A_{n-k+1}-y_{k-1},\cdots,A_{n-1}-y_1$ 组成的集合满足题目的条件.由归纳假设,有 $n-1$ 队参加的足球锦标赛就可以结束了,而各队的得分等于最后这个集合中的各个数.接下来要再加上一队,它要战胜得分为 $A_i(i=1,2,\cdots,n-k-1)$ 的各队,且在与得分为 $A_{n-i}-y_i(i=1,2,\cdots,k)$ 的各队比赛中获得 $2-y_i$ 分.

45.对 $k=1,2,\cdots,8$,考虑数 $a_k=(2k+1)^2$,则有
$$\sqrt{a_k}-\sqrt{a_k-1}=2k+1-2\sqrt{k^2+k}$$
$$=(\sqrt{k+1}-\sqrt{k})^2$$

因此
$$\sum_{k=1}^{8}\sqrt{\sqrt{a_k}-\sqrt{a_k-1}}=\sum_{k=1}^{8}(\sqrt{k+1}-\sqrt{k})$$
$$=\sqrt{9}-\sqrt{1}=2$$

46. 答案是否定的. 为了证明这一点, 考虑用以下规则定义的自然数数列 $\{a_n\}$: $a_1=1$, $a_2=F(1)$, $\cdots$, $a_n=F(a_{n-1})$. 把 $F(F(F(\cdots F(x)\cdots)))$ (包含 k 个符号 F) 记作 $F^k(x)$. 因此有 $a_k=F^{k-1}(1)$, $a_{n+k}=F^k(a_n)$. 首先, 我们证明可以在数列 $\{a_n\}$ 的各项中找到每个自然数 x. 对 x 进行归纳, 归纳基础 $(x=1)$ 是显然的.

现在对一些 n 令 $a_n=x$, 注意 $a_{n+F_{an}}=F^{F_{an}}(a_n)=F^{F_x}(x)=x+1$. 此外, 这个数列中的一切数都是不同的, 因为等式 $a_n=a_m$ 蕴含数列的范围是有限的, 但是这与以上证明的事实相矛盾. 最后一个重要的观察结果是数列 $\{a_n\}$ 是递增的, 因为若 $x=a_k$, 则 $x+1=a_{k+F_x}$, 可见 $x+1$ 是这个数列中的数, 它大于 x 的值. 综上所述, 恰好包含每个自然数一次的递增数列是什么呢? 显然, 它是数列 $1,2,3,\cdots$. 因此, 有 $F(n)=F(a_n)=a_{n+1}=n+1$. 我们利用证明这样的函数不能满足题目的条件来完成解答. 由此, 我们得到 $F(1)=2$, $F(2)=3$, 但是 $F(2)=F(F(1))$, 因此它是 $F^{F1}(1)$, 将等于 $1+1=2$, 矛盾.

47. 我们证明一个辅助断言:

引理 对不可被 13 整除的 $k(k<13)$ 个整数组成的任意集合 S, 把 S 中一些不同数所有可能之和对模 13 的余数记作 $A(S)$. 则 $A(S)$ 包含不少于 k 个元素.

证 对 k 进行归纳. 归纳基础 $(k=1)$ 是显然的. 现在设 S 包含 k 个数. 我们选出某个数 $a\in S$, 把所有其他的 $k-1$ 个数记作 T. 显然 $A(T)\subset A(S)$, 所以只需证明, 若 $A(T)$ 恰好包含 $k-1$ 个元素, 则 $A(T)\subset A(S)$ (由假设, $A(T)$ 最少包含 $k-1$ 个元素). 把数 x 对模 13 的余数记作 $[x]$. 因为 13 是质数, a 不是 13 的倍数, 所以所有的数 $[ak]$, $[a(k+1)]$, $\cdots$, $[a(k+12)]$ 是不同的 (差 $na-ma$ 当 $|n-m|<13$ 时不可能是 13 的倍数). 从而, 因为 $A(T)$ 包含少于 13 个元素, 所以我们可以求出这样的整数 n, 使 $[an]\in A(T)$, $[a(n+1)]\notin A(T)$. 因此, 对 T 中的某些 $x_1,\cdots,x_p$, 有 $[an]=[x_1+x_2+\cdots+x_p]$, 且 $[a(n+1)]=[x_1+x_2+\cdots+x_p+a]$ 属于 $A(S)$, 但不属于 $A(T)$. 引理得证.

现在把给定的 26 位数分成 13 个连续部分, 每部分包含 2 个相邻数字. 把这些数记作 $\overline{a_1b_1}, \overline{a_2b_2}, \cdots, \overline{a_{13}b_{13}}$. 考虑由 13 个元素 $9a_1, 9a_2, \cdots, 9a_{13}$ 组成的集合 S. 由以上引理, 集合 $A(S)$ 包含对模 13 的所有可能余数. 特别地, 我们可以求出一些数 $a_p, a_q, \cdots, a_r$, 使 $[M]=[9a_p+9a_q+\cdots+9a_r]$, 其中 M 表示 $\overline{a_1b_1}+\cdots+\overline{a_{13}b_{13}}$. 最后所需的操作是分解各数 $\overline{a_pb_p}, \cdots, \overline{a_rb_r}$, 把每个数分解成 2 个数字. 当把 $\overline{a_ib_i}$ 分解成 a_i 和 b_i 时, 我们就把和 M 中的被加数 $\overline{a_ib_i}=10a_i+b_i$ 变成 a_i+b_i. 因此, 所得出的两位数与一位数之和等于 $M-9a_p-\cdots-9a_r$, 它可被 13 整除.

48. 作直线 L, 它是 $\angle AOB$ 和 $\angle COD$ 的平分线. 把 L 与给定圆的其他交点记作 K 和 E, 作直线 L 的垂线 PM 与 QN (图 10.18), 则有 $\angle KBO+\angle KAO=180°$, 因为四边形 $AKBO$ 是圆内接四边形, 因此这些角之一, 例如 $\angle KBO$, 不是锐角, 由此得 $KO>KB$. 直线 OK 是 $\angle AOB$ 的平分线, 因此 $AK=BK$, 由此得出 $2KO>2KB=KB+AK>AB$. 类似的理由证明了 $2EO>CD$. 剩下需要注意的是 $PQ\geqslant MN$. 因此

$$4PQ\geqslant 4MN=2KE=2KO+2EO>AB+CD$$

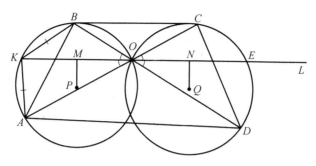

图 10.18

49.假设各张纸牌的编号为 $1,2,\cdots,1\,000$,我们来证明,用不多于 56 次洗牌,可以从一副纸牌的任意排列得出"标准的"排列 $1,2,\cdots,1\,000$(纸牌按照它们的编号以递增顺序排列).我们可以用以下的操作表示洗牌:把一副纸牌分成几部分,然后在各部分中把纸牌顺序颠倒,最后把整副纸牌的顺序颠倒.现在,我们把洗牌的最后一步(把整副牌的顺序颠倒)去掉,只做洗牌的前 2 个阶段,并称它们翻牌了.我们可以看到,若把一系列翻牌而不是把对应于这些翻牌的一系列洗牌应用于这副纸牌,则我们会得出相同的最终排列,它具有纸牌的相反顺序(纸牌是相同顺序还是相反顺序依赖于所考虑系列的操作次数是偶数还是奇数)这表示,若可以利用 N 次翻牌来得出要求的排列,则可以利用不多于 $N+1$ 次洗牌得到相同的排列.实际上,我们可以利用一次洗牌,这次洗牌把一副纸牌分成若干部分,使每部分有一张纸牌,并把纸牌顺序颠倒.

令 $F(N)$ 表示最少的翻牌次数,使具有任意顺序的一副 N 张纸牌可以用不多于 $F(N)$ 次翻牌按递增顺序排列.因此,只需证明 $F(1\,000)\leqslant55$ 即可.第一个观察结果是 $F(x)\leqslant F(x+1)$.这是由于 $x+1$ 张纸牌发生的任意一次翻牌对 x 张纸牌确定了一次必然的翻牌——可以不考虑 $x+1$ 号纸牌,且以递增顺序排列的 $x+1$ 张纸牌产生的翻牌系列与前 x 张纸牌产生的翻牌系列相同.因此,若 $x<y$,则 $F(x)\leqslant F(y)$.我们来证明 $F(2^k)\leqslant F(2^{k-1})$.我们可以看出 $F(1\,024)\leqslant55$,证毕.

现在考虑每半副纸牌,把完全属于一个半副的纸牌集合称为组块,因此这个集合中的纸牌数构成自然行的最大可能片段.例如,在排列 $[26583714]$ 中,有 6 个组块 $\{1\}$、$\{2\}$、$\{3,4\}$、$\{5,6\}$、$\{7\}$、$\{8\}$.现在,我们把所有组块以递增顺序编号为 $1,2,\cdots,2^k$(当然,一些最后的组块可能会出现空组块).在这个例子中,组块有以下各数:♯1—$\{1\}$,♯2—$\{2\}$,♯3—$\{3,4\}$,♯4—$\{5,6\}$,♯5—$\{7\}$,♯6—$\{8\}$ 和 2 个空组块♯7 与♯8.显然,在一个半副(称左半副)中所有组块只有偶数,在另一半副中只有奇数.利用 $F(2^{k-1})$ 次翻牌,我们可以在每个半副中得到任意要求的各组块顺序.我们以一定顺序 A_k 排列这些组块,它以归纳方式定义:$A_1=\{21\}$,A_{k+1} 是以顺序 A_k 来排列具有号数 $1,\cdots,2^k$ 的组块得出的,最后把以下范围中的顺序颠倒,该范围包含了占用号数为 $2^{k-1}+1,\cdots,2^{k-1}$ 位置的各个组块(这个定义中的所有的数与组块有关,与纸牌无关).以下例子说明了这个错综复杂的描述:$A_2=(2413)$,$A_3=(24863157)$.

现在,我们假设经过 $F(2^{k-1})$ 次翻牌后以顺序 A_k 得到了各个组块.每次利用单一的翻牌,可以把这个排列变成 2 个 A_{k-1} 排列集合,每个集合包含 2^{k-1} 个组块,然后变成 4 个排列集合,每个集合包含 2^{k-2} 个组块,依此类推.做 k 次翻牌后,以顺序 $(123\cdots2^k)$ 得出各个组块.我们对 A_3 来举例说明这个过程

$$(2\parallel4\parallel8631\parallel5\parallel7)\rightarrow(2\parallel41\parallel3\parallel6\parallel85\parallel7)\rightarrow(21\parallel43\parallel65\parallel87)\rightarrow(12345678)$$

为了完成现在的翻牌,符号 $\parallel$ 确定了这个集合要怎样分成各个部分.剩下的就是排列组块中的纸牌,但是这个问题可用最初的 $F(2^{k-1})$ 翻牌来解答,它允许在每半副纸牌中进行,从而在每个组块中达到任意要求的顺序.因此,我们证明了 $F(2^k)\leqslant F(2^{k-1})+k$,这样就完成了解答.

注 当然,这个估计是不准确的.例如,我们可以用一种完全不同的方法证明 $F(1\,000)\leqslant38$.

50.将每个相邻空方格的中心联结成线段.这样,当我们在棋盘的某个方格上放置白兵时,就擦掉从此方格中心作出的所有线段.于是,对于这个白兵所放置的方格,被擦掉的线段数与相邻的空方格数相同.为了使这个兵最终变成白色的,我们必须将它放在具有偶数个相邻空方格的一个方格上,因为每个兵重新涂色的次数等于这样涂色后放置在相邻方格上兵的数量.于是,我们得出结论:每次都必须擦掉偶数条线段.但这是不可能的,因为最初的线段数目是奇数(在一开始,角落里的一个黑兵使我们失去了三条线段),而最终的线段数目是偶数,等于零.这样,我们看到最后的位置上至少有一个黑兵.

51.把线段 BB' 的中点记作 D,$\angle MAM'$ 与 $\angle MNB$ 分别记作 α 与 ψ(图 10.19).第一个重要的观察结果是直线 MM' 与 BB' 的交点在这个圆上.为了证明这一点,注意 $\angle MAB$ 绕点 A 旋转把包含 $\triangle AMM'$ 各边的直线变换为一些直线,这些直线平行于包含 $\triangle ABB'$ 各边的直线,因此直线 MM' 与 BB' 之间的夹角等于直线 AM 与 AB 之间的夹角.把直线 MM' 与 BB' 的交点记作 N',则有 $\angle MN'B=\angle MAB$,即 N' 在这个圆上.下一步是证明 $\triangle NMM'\backsim\triangle NBD$.因为 $\angle NMM'=\angle NBD$,所以只需证明 $MM'/BD=MN/BN$ 即可.让我们做一些计算:$1/2MM'=$

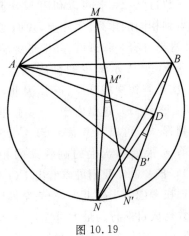

图 10.19

$AM\sin(\alpha/2)$,$NB=MN\cos(\psi)$(MN 是这个圆的直径),$BD=AB\sin(\alpha/2)$,$1/2AB=AM\cos(\psi)$.总结这些结果,有

$$\frac{MM'}{BD}=\frac{2AM\sin(\alpha/2)}{AB\sin(\alpha/2)}=\frac{1}{\cos(\psi)}=\frac{MN}{BN}$$

所以 $\triangle MM'N\backsim\triangle NBD$,由此知 $\angle MM'N=\angle BDN$,因此 $\angle NM'N'=\angle NDN'$.上式意味着四边形 $M'DN'N$ 是圆内接四边形.因此,我们可以断定

$$\angle M'DN=\angle M'N'N=\angle MN'N=90°$$

52.注意,对任意 $x\geqslant-1$,不等式 $4x^3-3x+1=(x+1)(2x-1)^2\geqslant0$ 成立.因此有不等式

$$\sum_{k=1}^{n}(4x_k^3-3x_k+1)=-3\sum_{k=1}^{n}x_k+n\geqslant 0$$

这蕴含要求的不等式 $\sum_{k=1}^{n}x_k\leqslant n/3$.

53. 我们利用以下事实:

引理　对不可被 2 或 5 整除的任意整数 N,我们可以求出一个数,它包含数字 1 的个数是 N 的倍数.

证　考虑 N 个数 $1,11\cdots,11\cdots1$.若其中一个数是 N 的倍数,则证毕.否则,它们对模 N 的余数可以有 $N-1$ 个可能值 $1,\cdots,N-1$.因此,由鸽巢原理,其中至少有 2 个数对模 N 有相同的余数.所以,它们的差可被 N 整除,看上去像 $11\cdots11\cdot10^k$.但是 N 与 10 互质,所以我们可以断定第 1 个因子可被 N 整除.

现在,设 N 是任意自然数,将 N 乘以 2 和 5,删去一些 0,由此我们可以把 N 变成与 10 互质的数.然后把这个结果乘以适当的数,我们可以得到在十进制表示中只含数字 1 的数(利用引理的断言).现在由以下一系列运算可以推导出要求的结果:

(a) 乘以 82,得出数 $911\cdots102$.

(b) 在最后的得数中删去一个 0,再乘以 9,这给出数 $8200\cdots08$,它可变换成 828.

(c) $828\cdot25=20\ 700$.

(d) $27\cdot4=108$.

(e) $18\cdot5=90$,由此可以得出一位数 9.

注　如果你认为这个解答有点奇怪,是的,你说得对,但是也许有其他并不那么奇怪的解答.请你尝试找到它们.

54. 函数 F 的性质表明,对任意 $t\in[0,1]$,F 在区间 $[0,1]$ 上方的子图形面积大于具有边 $1-t$ 和 $F(t)$ 的矩形面积(图 10.20).这表示 $\int_0^1 F(x)\mathrm{d}x\geqslant(1-t)\cdot F(t)$,因为 $F(t)\leqslant 1$,所以 $\int_0^1 F(x)\mathrm{d}x\geqslant F(t)-t$.上式中用 $G(x)$ 代替 t,并在区间 $[0,1]$ 上求积分.由此给出

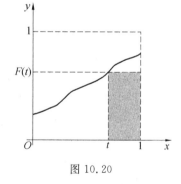

图 10.20

$$\int_0^1\int_0^1(F(x)\mathrm{d}x)\mathrm{d}y\geqslant\int_0^1 F(G(y))\mathrm{d}y-\int_0^1 G(y)\mathrm{d}y$$

剩下需要注意的是,$\int_0^1 F(x)\mathrm{d}x$ 是常数,因此

$$\int_0^1\int_0^1(F(x)\mathrm{d}x)\mathrm{d}y=\int_0^1 F(x)\mathrm{d}x$$

这蕴含要求的不等式.

55. 令 z 的单位元的 p 次复根不等于 1.因为

$$0=z^p-1=(z-1)(z^{p-1}+z^{p-2}+\cdots+z+1)$$

所以有

$$z^{p-1}+z^{p-2}+\cdots+z+1=0$$

现在,我们把多项式 $f(x)=a_1+a_2x+a_3x^2+\cdots+a_nx^{n-1}$ 与任意的 p-平衡数列 $\{a_k\}$ 联系

起来. 注意

$$a_1 + a_{p+1}z^p + a_{2p+1}z^{2p} + \cdots = a_1 + a_{p+1} + a_{2p+1} + \cdots$$
$$a_2 + a_{p+2}z^p + a_{2p+2}z^{2p} + \cdots = a_2 + a_{p+2} + a_{2p+2} + \cdots$$
$$\vdots$$

把 $a_1 + a_{p+1} + a_{2p+1} + \cdots$ 记作 S，得出 $f(z) = S(1 + z + \cdots + z^{p-1}) = 0$（由数列 $\{a_i\}$ 的性质知，形式 $a_k + a_{k+p} + a_{k+2p} + \cdots$ 的所有和对任意 k 是相等的）. 对任意 p，恰有单位元的 p 个 p 次方根，其中恰有 $p-1$ 个不等于 1. 因为它证明了，这 $p-1$ 个数中每个数是由 $p-$平衡数列组成的多项式的根. 我们断定，由给定数列构成的多项式至少有 $2+4+6+10+12+16 = 50$ 个根. 注意，来自集合 $\{3,5,7,11,13,17\}$ 的任意 2 个数 p,q 是互质的，当且仅当它们等于 1 时，单位元的 p 次方根才与单位元的 q 次方根相等. 因此，我们看到，某个 49 次多项式 $f(x)$ 有不少于 50 个不同的根. 而这意味着，$f(x) \equiv 0$，即 $a_1 = a_2 = \cdots = a_{50} = 0$.

56. 引入以下记号：$x = 512, y = 675, z = 720$，则有 $2z^2 = 3xy$ 和 $x^3 + y^3 + z^3 = x^3 + y^3 - z^3 + 3xyz$. 上式的右边可以因式分解如下

$$x^3 + y^3 - z^3 + 3xyz = (x + y - z)(x^2 + y^2 + z^2 - xy + xz + yz)$$

我们断定 $512^3 + 675^3 + 720^3$ 可被 $512 + 675 - 720 = 467$ 整除.

注 此外，我们可以检验 $512^3 + 675^3 + 720^3 = 229 \cdot 467 \cdot 7\,621$.

57. 令 $2n = 102^p$，把 $2n$ 边形所有顶点按照顺时针方向编号为 $1, 2, \cdots, 102^p$，各顶点上标出的这些数用 102 进制表示，其中至少包含一个数字 0. 在所有 102^p 个顶点中被标记的顶点个数等于 $1 - (101/102)^p$，因为不含 0 的 p 位（在 101^p 进制表示中）数可用许多方法组成 101^p. 显然，当 p 较大时，表达式 $1 - (101/102)^p \to 1$. 因此可以选择这样的 p，使 $1 - (101/102)^p > 1/2$. 因此有可能构成只包含标记顶点的样板，我们以后再考虑这个样板.

注意，102^p 边形的任意一次旋转被定义为一个固定的数 A，从顶点数减去（模 102^p）数 A 得出此多边形在这次旋转下的像数. 考虑任意 100 次旋转，把规定这些旋转的数记作 $a_1, a_2, \cdots, a_{100}$（所有的 a_i 包含 102 进制表示中的 p 个数字）. 我们来证明，可以求出某个数 X，使各数 $a_1 + X, a_2 + X, \cdots, a_{100} + X$ 不包含 102 进制表示中的 0，因此 X 不能是样板的顶点在所考虑的 100 次旋转下的像（记住，我们只关心所考虑的数的最后 p 个数字）.

合适的 X 可以从最后一个数字一步一步地建立起来. 实际上，X 的最后数字可以有 101 个非零值，其中不超过 100 个值受到以下制约：对任意 $i, a_i + X$ 的最后数字不等于 0. 因此，我们可以选择 X 要求的最后一个数字，然后利用类似的证明，可以建立整个 X. 由此知，被选择的样板在 100 次旋转下的像不能覆盖所讨论的 102^p 边形的所有顶点.

附　　录

本附录包含本书所述的 5 届奥林匹克的统计数据表(表 1~表 10).

第 53 届奥林匹克(1987)

表 1　参加的总人数与被解答的问题数

	主要阶段 年　　级						淘汰阶段 年　　级		
	5	6	7	8	9	10	8	9	10
参加的总人数	109	103	82	101	79	110	26	49	34
被解答的问题数									
1 个问题	75	62	43	62	41	6	10	20	20
2 个问题	12	61	66	41	34	37	12	31	8
3 个问题	88	53	32	22	6	9	25	8	10
4 个问题	14	17	49	13	8	22	16	14	2
5 个问题	5	19	4	8	10	1	5	9	14
6 个问题	3	10	4	3	6	3	8	21	14
7 个问题	—	—	—	—	—	—	2	3	6
8 个问题	—	—	—	—	—	—	1	2	1

说明:主要阶段中的问题 1—6 与淘汰阶段中的问题 1—6 不同.主要阶段包含 6 个或 7 个问题,而淘汰阶段包含 8 个或 9 个问题.

表 2　最好的结果:被一等奖获得者解答的问题数量

年级	被解答的题数
5	5
6	6
7	6
8	5—7
9	6—7
10	5—8

说明:8—10 年级的奖项是根据淘汰阶段的结果分配的.

第54届奥林匹克(1988)

表3 参加的总人数与被解答的问题数

	主要阶段 年 级						淘汰阶段 年 级		
	5	6	7	8	9	10	8	9	10
参加的总人数	91	127	116	114	71	88	34	24	28
被解答的问题数									
1 个问题	70	107	62	69	18	69	12	5	15
2 个问题	37	109	85	79	21	68	7	20	23
3 个问题	58	25	55	55	4	7	11	8	11
4 个问题	43	73	59	38	5	4	5	14	5
5 个问题	8	44	45	23	6	2	19	9	3
6 个问题	21	18	4	38—27	10	0	2	4	3
7 个问题	—	—	—	—	—	—	10	6	14
8 个问题						—	0	1	0

说明:1. 主要阶段中的问题 1—6 与淘汰阶段中的问题 1—6 不同. 主要阶段包含 6 个或 7 个问题,而淘汰阶段包含 8 个或 9 个问题.

2. 很可惜的是,对于 9 年级与 10 年级普通学校的学生来说,主要阶段的问题太难了,尽管评审委员会试图适当地选择问题.

表4 最好的结果:被一等奖获得者解答的问题数量

年级	被解答的题数
5	6
6	6
7	6
8	6—7
9	5—8
10	5

说明:8—10 年级的奖项是根据淘汰阶段的结果分配的.

第 55 届奥林匹克(1989)

表 5 参加的总人数与被解答的问题数

	主要阶段 年 级								淘汰阶段 年 级		
	5	6	7	8	9	9S	10	10S	8	9	10
参加的总人数	118	128	124	130	38	81	57	106	28	16	28
被解答的问题数											
1 个问题	83	82	86	97	26	72	49	102	16	9	13
2 个问题	8	81	62	18	1	25	3	40	17	11	18
3 个问题	4	34	13	25	0	2	4	25	11	3	8
4 个问题	27	28	27	13	6	3	2	0	7	3	8
5 个问题	2	10	1	1—0	0	4	0	3	11	10	16
6 个问题	1	19	7	3	0	—	—	—	20	1	7
7 个问题	—	4	0	—	—	—	—	—	2	1	5
8 个问题		—	—	—	—	—	—	—	0	0	0
9 个问题	—	—	—	—	—	—	—	—	—	0	0

说明:1. 主要阶段中的问题 1—6 与淘汰阶段中的问题 1—6 不同. 主要阶段包含 6 个或 7 个问题,而淘汰阶段包含 8 个或 9 个问题.

2. 很可惜的是,5 年级主要阶段的问题和 10 年级淘汰阶段的问题比评审委员会要求的更加困难.

3. "S"表示数学与物理专门学校的学生.

表 6 最好的结果:被一等奖获得者解答的问题数量

年级	被解答的题数
5	5
6	7
7	5
8	7
9	5
10	6—7

说明:8—10 年级的奖项是根据淘汰阶段的结果分配的.

第56届奥林匹克(1990)

表7 参加的总人数与被解答的问题数

	主要阶段 年　级								淘汰阶段 年　级		
	6	7	8	9	10	10S	11	11S	9	10	11
参加的总人数	127	111	90	126	49	94	63	119	32	14	32
被解答的问题数											
1 个问题	88	90	64	83	18	41	43	63	17	12	3
2 个问题	76	81	41	33	28	53	53	74	21	14	12
3 个问题	95	86	54	39	2	40	9	65	15	13	15
4 个问题	77	19	21	60	2	10	14	46	19	5	10
5 个问题	15	15	10	6	5	14—3—0	9	1	3	2	4
6 个问题	14	8	3	9—1	3—0	—	6—2	—	0	1	0
7 个问题	—	7	1	—	—	—	—	—	0	3	2
8 个问题	—	—	—	—	—	—	—	—	0	1	0

说明:1.主要阶段中的问题 1—7 与淘汰阶段中的问题 1—7 不同.主要阶段包含 6 个或 7 个问题,而淘汰阶段包含 8 个或 9 个问题.

2.淘汰阶段的问题对于 9 年级的学生来说太困难,其中有 3 个问题未被解答,对于 7 年级的学生来说也太困难,其中有 2 个问题未被解答.

3.“S”表示数学与物理专门学校的学生.

表8 最好的结果:被一等奖获得者解答的问题数量

年级	被解答的题数
6	6
7	6—7
8	6
9	5
10	5—6
11	4—5

说明:9—11 年级的奖项是根据淘汰阶段的结果分配的.

第 57 届奥林匹克(1991)

表9　参加的总人数与被解答的问题数

	主要阶段 年　级						淘汰阶段 年　级		
	6	7	8	9	10	11	9	10	11
参加的总人数	102	81	125	103	95	91	15	9	10
被解答的问题数									
1 个问题	18	67	73	42	38	48	13	6	4
2 个问题	12	27	49	19	36	57	6	6	9
3 个问题	9	42	52	24	54	16	2	1	3
4 个问题	8	26	68	26	10	6	4	1	1
5 个问题	5	8	28	1	8	23	6	3	0
6 个问题	0	4	9	12	1	6	0	1	0
7 个问题	—	9	3	2	1	0	6	2	0
8 个问题	—	—	—	—	—	—	0	0	0

说明:主要阶段中的问题 1—7 与淘汰阶段中的问题 1—7 不同. 主要阶段包含 6 个或 7 个问题,而淘汰阶段包含 8 个或 9 个问题.

2.淘汰阶段的问题是困难的,未被解答的问题的数量就刚好证明了这一点.

表10　最好的结果:被一等奖获得者解答的问题数量

年级	被解答的题数
6	3
7	7
8	7
9	6
10	7
11	6

说明:1.没有一等奖授予 6 年级的学生,成绩最好的学生授予了二等奖.

2.9—11 年级的奖项是根据主要阶段的结果分配的.

数学术语汇编

$\dbinom{n}{k}$ 或 C_n^k. 二项式系数：从 n 件物品中每次取出 k 件的组合数.

$x \in A$. x 是集合 A 的元素.

$n!$. n 的阶乘 $= 1 \cdot 2 \cdot 3 \cdots (n-1) \cdot n$；$0! = 1$.

$f : A \to B$. 函数 f 是 A 到 B 的映射.

$a \equiv b \pmod{p}$. $a - b$ 可被 p 整除（或 a 与 b 对模 p 同余）.

$\prod\limits_{i=1}^{n} a_i$. 乘积 $a_1 a_2 \cdots a_n$.

$\sum\limits_{i=1}^{n} a_i$. 和 $a_1 + a_2 + \cdots + a_n$.

AM$-$GM 不等式. 若 $a_1, a_2, \cdots, a_n$ 是非负数，则它们的算术平均值 $\left(\sum\limits_{i=1}^{n} a_i\right) / n$ 不小于它们的几何平均值 $\left(\prod\limits_{i=1}^{n} a_i\right)^{1/n}$，当且仅当所有这些数相等，等式成立.

等差数列. 具有 $a_{k+1} - a_k = d$ 的数列 $a_1, a_2, \cdots$；d 是公差.

轴对称. 若直线 L 是线段 AB 的垂直平分线（即点 B 是点 A 关于 L 的映射）.

基础. 利用归纳法证明的基础步骤是证明第一种情形的步骤.

波尔查诺－柯西定理. 见中值定理.

基数(A). 集合的基数：有限集合 A 的元素个数.

中国剩余定理. 令 $x_1, x_2, \cdots, x_n$ 表示两两互质的正整数，令 $a_1, a_2, \cdots, a_n$ 表示任意 n 个整数. 则同余式 $X \equiv a_i \pmod{x_i}$ 有公共解；任意两个解对模 $x_1 x_2 \cdots x_n$ 同余.

外心. 三角形的外心是外接圆圆心.

外接圆. 三角形的外接圆.

凸函数. 函数 $f(x)$ 是区间 I 中的凸函数，若对 I 中的所有 x_1, x_2，以及对和为 1 的所有非负数 t_1, t_2，有

$$t_1 f(x_1) + t_2 f(x_2) \geqslant f(t_1 x_1 + t_2 x_2)$$

在几何图形上，这表示 f 位于 $(x_1, f(x_1))$ 与 $(x_2, f(x_2))$ 之间的图像的下方. 当且仅当 f'' 在相关区间中是非负的，二次可微函数 f 才是凸函数.

互质数. 当 $\gcd(m, n) = 1$ 时，整数 m 与 n 是互质的.

循环多边形. 可以内接于圆的多边形.

次数(P). 多项式 P 的次数（最大指数）.

圆盘. 包含圆内部的圆.

旁切圆. 与三角形的一边内切且与另外两边(延长线)外切的圆.

费马小定理. 若 p 是质数, A 是任意整数, 则 $A^p - A$ 可被 p 整除(或 $A^p \equiv A (\bmod\ p)$).

$\gcd(m, n)$. 整数 m, n 的最大公约数.

等比数列. 具有 $a_{k+1} = q a_k$ 的数列 $a_1, a_2, \cdots; q$ 是公比.

内心. 三角形内切圆的圆心.

内切圆. 三角形的内切圆.

增函数. 若 $y > x$ 蕴含 $f(y) \geqslant f(x)$, 则函数 f 是递增的.

中值(或波尔查诺-柯西)定理. 若 $f(x)$ 是区间 $[a, b]$ 上的连续函数, 且 $f(a)$ 与 $f(b)$ 具有相反的符号, 则这个函数在区间 $[a, b]$ 上存在一个零点(即可以求出某个 $x \in (a, b)$, 使 $f(x) = 0$).

余弦定理. 令 a, b, c 表示给定三角形的三边长, $\angle A$ 是长为 a 的边所对的角, 则有等式

$$a^2 = b^2 + c^2 - 2bc \cos A$$

正弦定理. 利用与前一个定理相同的记号, 有等式

$$\frac{a}{\sin A} = \frac{b}{\sin B} = \frac{c}{\sin C} = 2R$$

其中 R 是外接圆的半径.

$\max\{a, b, \cdots\}$. 集合 $\{a, b, \cdots\}$ 中的最大数.

中位线. 联结三角形两边中点的线段.

N. 自然数(大于 0 的整数)集合.

垂心. 三角形三条高的交点.

鸽巢原理(或狄利克雷(Dirichlet)抽屉). 若把 N 个物体分配在 $k\,(k < N)$ 个抽屉中, 则某个抽屉至少包含两个物体.

R. 实数集合.

本书问题索引

(说明:(1989)4,9 表示 1989 年问题 4,9,其他的类似)

Solid Geometry 立体几何学

⊙ 编辑手记

本书是一部译作.

1930 年底,中华教育文化基金会董事会成立编译委员会,由胡适担任委员长,张准任副委员长,下分甲乙两组,甲组文史,乙组科学.甲组委员有丁文江、赵元任、陈寅恪、傅斯年、陈源、闻一多、梁实秋,皆一时之选.①主持其事的胡适提出历史和名著的拟译名单,正是这份书单显示出各人西学水准的高下.胡适所开历史书单为:1.希腊用 Grote(格罗特).2.罗马用 Moumsen(莫姆森)与 Gibbon(吉本).3.中世纪拟用 D. C. Munse(穆斯).4.文艺复兴与宗教改革拟用 E. M. Hulme:*The Renaissance, the Protestant Revolution & the Catholic Reformation*(《文艺复兴,新教革命和天主教改革》).5.近代欧洲拟用 A. W. C. Abbott:*The Expansion of Europe*(艾博特:《欧洲的扩张》)(1415—1789).B. H. E. Bowrne:*The Revolutionary Period* (鲍恩:《革命时代》)(1763—1815).6.英格兰拟用 I. R. Green(格林)或 E. Wingfield Stratiord:*The History of Brirish Civilization*(温菲尔德·斯特拉福德:《不列颠文明史》).7.法国拟从李思纯说,用 Albert Malet:*Nowvelle Historie de France* (阿尔伯特·马莱:《法国新史》)

---

① 曹伯言整理:《胡适日记全编 5》,合肥,安徽教育出版社,2001 年,第 759 页;胡颂平编著:《胡适之先生年谱长编初稿》,台北:联经出版事业公司,1984 年,第 950 页.

(1924).8.美国拟用 Beard：*Rise of American Civilization*（比尔德：《美利坚文明的兴起》). [1]

可见早在 1930 年有识之士就认识到学习和阅读国外原著之重要性.

引进国外数学竞赛试题是对我国数学教育及命题的一种"反动"，以笔者所熟知的一位东北出去的资深物理特级教师所言，命题实在不易，他说：

"按要求高考试题都要是新题，这就要求命题人要改编题、原创题.经过四十多年高考再编新题确实不容易，因此一些高考题超出教材范围，有些试题不严谨，有些题脱离实际.高考命题以大学老师为主，由于工作性质，许多大学老师不屑于研究高考，因此有必要加强对命题老师的培训，使命题老师理解信度、效度、区分度，理解试卷难度要求；命题老师一定要有高度的社会责任感."

其实笔者认为专业素养更重要.他还指出：极端应试是教育的毒瘤，是经济文化落后地区特有的现象，现阶段可以存在，但不应该提倡；极端应试短时间有存在的土壤，当整个社会对教育的认识不断提高，个人意识不断觉醒，极端应试将不会再有市场.

如果我们能多了解并学习国外同行是如何命题和考试的，那么这对于我们来说，无疑会具有很大的借鉴意义.

下面我们举几个本书中的试题点评一下，先来看本书第 47 页的题 60.

60.给定集合 $\{1,2,\cdots,M\}$ 的 s 个子集，它们分别包含 $a_1,a_2,\cdots,a_s$ 个元素.已知这些子集中没有一个子集包含另一个子集.证明

$$\binom{M}{a_1}+\binom{M}{a_2}+\cdots+\binom{M}{a_s}\leqslant 1$$

其中 $\binom{M}{a_i}=\dfrac{M!}{a_i!\ (M-a_i)!}$ 是二项式系数[2].

解答 将给定的各子集记作 $A_1,A_2,\cdots,A_s$.现在对每个 $k\in\{1,2,\cdots,M\}$，定义集合 C_k，使它们的元素是以下形式的子集链：$B_1\subset B_2\subset\cdots\subset B_M=\{1,2,\cdots,M\}$，其中 B_i 的基数 $=i$，B_{a_k} 的基数 $=A_k$.计算 C_k 的基数，可以把这种形式的每个子集链表示成以下 2 个子集链的并集：$B_1\subset B_2\subset\cdots\subset B_{a_k}=A_k,A_k=B_{a_k}\subset B_{a_k+1}\subset\cdots\subset B_M=\{1,2,\cdots,M\}$.于是 C_k 的基数 $=C'_k$ 的基数 $\times C''_k$ 的基数，其中 C'_k 是所有第 1 种链的集合，C''_k 是所有第 2 种链的集合.此外，C'_k 的基数 $=a_k!$，因为有 a_k 种方法选取 B_1，a_k-1 种方法把 B_1 扩大到 B_2.类似地，C''_k 的基数 $=(M-a_k)!$，因此 C_k 的基数 $=a_k!\ (M-a_k)!$.注意，所有这些子集 C_k 都是互不相交的.若 C_i 与 C_j 有共同的链 $B_1\subset B_2\subset\cdots\subset B_M$，则 B_p 中的一些子集组成链 A_i，另一些子集组成链 A_j.当然，因为 A_i 与 A_j 都是这个链的"项"，其中

---

[1] 摘编自《承接与延续》，桑兵著.杭州：浙江古籍出版社，2021：89-90.

[2] 第 53 届列宁格勒奥林匹克(1987).

一个包含另一个,所以必然产生矛盾. 又因为 $C_1,\cdots,C_s$ 不相交,所以 C_1 的基数＋$\cdots$＋C_s 的基数 $\leqslant X$ 的基数,其中 X 表示形如 $B_1 \subset B_2 \subset \cdots \subset B_M$ 的所有链的集合,其中 B_i 的基数$=i$.综上所述,直接计算可得 X 的基数$=M!$,我们得出

$$a_1!\,(M-a_1)!\,+\cdots+a_s!\,(M-a_s)!\,\leqslant M!$$

它等价于本题中提出的不等式.

注 这个结果是由山本稔(Yamamoto Minoru)提出的,特别是为著名的施佩纳(Sperner)定理提供了另一个证明方法.这个定理表明,集合 $\{1,2,\cdots,M\}$ 的子集的数量最大为

$$\binom{M}{\lfloor M/2 \rfloor}=\frac{M!}{\lfloor M/2 \rfloor!\,(M-\lfloor M/2 \rfloor)!}$$

其中没有一个子集包含另一个子集.

鉴于此题出现的时间是 1987 年,所以我们完全有理由相信在 1993 年全国高中数学联赛中,浙江省提供了一道深受其启发的试题(第二试第二题):

试题 1 设 A 是一个包含 n 个元素的集合,它的 m 个子集 $A_1,A_2,\cdots,A_m$ 两两互不包含,试证:

(1) $\displaystyle\sum_{i=1}^{m} \frac{1}{C_n^{|A_i|}} \leqslant 1$.

(2) $\displaystyle\sum_{i=1}^{m} C_n^{|A_i|} \geqslant m^2$.

其中,$|A_i|$ 表示 A_i 所含元素的个数,$C_n^{|A_i|}$ 表示从 n 个不同元素中取 $|A_i|$ 个的组合数.

证明 (1)证明的关键在于证明如下不等式

$$\sum_{i=1}^{m} |A_i|!\,(n-|A_i|)! \leqslant n! \tag{1}$$

设 $|A_i|=m_i(i=1,2,\cdots,m)$.一方面,$A$ 中 n 个元素的全排列为 $n!$;另一方面,考虑这样一类 n 元排列

$$a_1,a_2,\cdots,a_{m_i},b_1,b_2,\cdots,b_{n-m_i} \tag{2}$$

其中,$a_j \in A_i(1 \leqslant j \leqslant m_i)$,$b_j \in A\backslash A_i$(即 $\overline{A_i}$)$(1 \leqslant j \leqslant n-m_i)$.

我们先证明一个引理.

引理 1 若 $i \neq j$,则 A_i 与 A_j 由上述方法所产生的排列均不相同.

证明 用反证法,假设 A_j 所对应的一个排列

$$a'_1,a'_2,\cdots,a'_{m_j},b'_1,b'_2,\cdots,b'_{n-m_j}$$

与 A_i 所对应的一个排列

$$a_1,a_2,\cdots,a_{m_i},b_1,b_2,\cdots,b_{n-m_i}$$

相同,则有以下两种情况:

① 当 $|A_i| \leqslant |A_j|$ 时,有 $A_j \supsetneqq A_i$.

② 当 $|A_i| > |A_j|$ 时,有 $A_i \supsetneqq A_j$.

而这均与 $A_1, A_2, \cdots, A_m$ 互不包含相矛盾,故引理 1 成立.

由引理 1 可知式(1)成立.由式(1)立即可得

$$\sum_{i=1}^{m} \frac{|A_i|!\,(n-|A_i|)!}{n!} = \sum_{i=1}^{m} \frac{1}{C_n^{|A_i|}} \leqslant 1$$

(2)利用柯西(Cauchy)不等式及式(1)可得

$$m \leqslant \left(\sum_{i=1}^{m} \frac{1}{C_n^{|A_i|}}\right)\left(\sum_{i=1}^{m} C_n^{|A_i|}\right) \leqslant 1$$

近几年,背景法命题在数学奥林匹克中已形成潮流,一道优秀的竞赛试题应有较高深的背景已成为命题者的共识,试题 1 就是一例.

首先就研究对象来看,试题 1 实际上研究了一个子集族,即 A 是一个 n 阶集合,$S = \{A_1, A_2, \cdots, A_m\}$ 且满足:

(1)$A_i \subsetneqq A(i = 1, 2, \cdots, m)$.

(2)对任意的 $A_i, A_j \in S, i \neq j$ 时满足 $A_i \not\subseteq A_j, A_j \not\subseteq A_i$.

那么这样的子集族称为 S 族,S 族中的元素都是集合.之所以称为 S 族,是因为数学家施佩纳最先研究了这类问题.1928 年,施佩纳证明了一个被许多组合学书中称为施佩纳引理的结果,它是组合集合论中的经典结果之一.

施佩纳引理 设集合

$$X = \{1, 2, \cdots, n\}$$

$A_1, A_2, \cdots, A_p$ 为 X 的不同子集,$E = \{A_1, A_2, \cdots, A_p\}$ 是 X 的子集族.若 E 为 S 族,则 E 族的势至多为 $C_n^{[\frac{n}{2}]}$(其中 $[x]$ 为高斯(Gauss)函数),即 $\max p = C_n^{[\frac{n}{2}]}$.

证明 令 $q_k \triangleq |\{k \mid |A_i| = k, 1 \leqslant i \leqslant p\}|$,则由试题 1 证明中的式(1)有

$$\sum_{k=1}^{n} q_k k!\,(m-k)! \leqslant n!$$

由于

$$\max_{1 \leqslant k \leqslant n} C_n^k = C_n^{[\frac{n}{2}]}$$

所以

$$p = \sum_{k=1}^{m} q_k \leqslant C_n^{[\frac{n}{2}]} \sum_{k=1}^{p} q_k \frac{k!\,(n-k)!}{n!}$$

$$\leqslant C_n^{[\frac{n}{2}]} \sum_{k=1}^{p} q_k \frac{1}{C_n^k} = C_n^{[\frac{n}{2}]} \sum_{k=1}^{p} \frac{1}{C_n^{|A_i|}} \leqslant C_n^{[\frac{n}{2}]}$$

施佩纳引理在数学竞赛中有许多精彩的特例.再举一个最近的例子.

试题 2 (2017 年中国国家集训队测试三)设 X 是一个 100 元集合.求具有下述性质的最小正整数 n:对于任意由 X 的子集构成的长度为 n 的序列

$$A_1, A_2, \cdots, A_n$$

存在 $1 \leqslant i < j < k \leqslant n$,满足

$$A_i \subseteq A_j \subseteq A_k \text{ 或 } A_i \supseteq A_j \supseteq A_k$$

(翟振华供题)

解 答案是 $n = \mathrm{C}_{102}^{51} + 1$.

考虑如下的子集序列：$A_1, A_2, \cdots, A_N$，其中 $N = \mathrm{C}_{100}^{50} + \mathrm{C}_{100}^{49} + \mathrm{C}_{100}^{51} + \mathrm{C}_{100}^{50} = \mathrm{C}_{102}^{51}$，第一段 C_{100}^{50} 项是所有 50 元子集，第二段 C_{100}^{49} 项是所有 49 元子集，第三段 C_{100}^{51} 项是所有 51 元子集，第四段 C_{100}^{50} 项是所有 50 元子集. 由于同一段中的集合互不包含，因此只需考虑 3 个子集分别取自不同的段，易知这 3 个集合 A_i, A_j, A_k 不满足题述条件. 故所求 $n \geqslant \mathrm{C}_{102}^{51} + 1$.

下证若子集序列 $A_1, A_2, \cdots, A_m$ 不存在 $A_i, A_j, A_k (i < j < k)$ 满足 $A_i \subseteq A_j \subseteq A_k$，或者 $A_i \supseteq A_j \supseteq A_k$，则 $m \leqslant \mathrm{C}_{102}^{51}$. 我们给出 3 个证明.

证法 1（付云皓） 对每个 $1 \leqslant j \leqslant m$，定义集合 B_j 如下：另取两个不属于 X 的元素 x，y. 考察是否存在 $i < j$，满足 $A_i \supseteq A_j$，以及是否存在 $k > j$，满足 $A_k \supseteq A_j$. 若两个都是否定的，则令 $B_j = A_j$；若前者肯定后者否定，则令 $B_j = A_j \bigcup \{x\}$；若前者否定后者肯定，则令 $B_j = A_j \bigcup \{y\}$；若两个都是肯定的，则令 $B_j = A_j \bigcup \{x, y\}$.

下面验证 $B_1, B_2, \cdots, B_m$ 互不包含. 假设 $i < j$，且 $B_i \subseteq B_j$，则有 $A_i \subseteq A_j$. 由 B_i 的定义可知 $y \in B_i$，故 $y \in B_j$，这样，存在 $k > j$，使得 $A_j \subseteq A_k$，这导致 $A_i \subseteq A_j \subseteq A_k$，与假设矛盾. 类似地，可得 $B_i \supseteq B_j$，也不可能. 这样 $B_1, B_2, \cdots, B_m$ 是 102 元素集合 $X \bigcup \{x, y\}$ 的互不包含的子集，由施佩纳引理得 $m \leqslant \mathrm{C}_{102}^{51}$.

如果用到 Erdös-Szekeres 定理，则有：

证法 2 考虑 $C = \{C_0, C_1, \cdots, C_{100}\}$，其中 $C_0, C_1, \cdots, C_{100}$ 是 X 的子集，$|C_i| = i (0 \leqslant i \leqslant 100)$，且 $C_0 \subset C_1 \subset \cdots \subset C_{100}$，称这样的 C 为 X 的一条最大链. 对 X 的任意子集 A，定义 $f(A) = \mathrm{C}_{100}^{|A|}$. 用两种方式处理下面的和式

$$S = \sum_C \sum_{A_i \in C} f(A_i)$$

其中第一个求和遍历所有 X 的最大链 C，第二个求和对属于 C 的 A_i 求和.

在每条最大链 C 中，至多有 4 个 $A_i \in C$. 这是因为，如果有 5 个 $A_i \in C$，由于这 5 个集合互相有包含关系，由 Erdös-Szekeres 定理，存在三项子列依次包含或者依次被包含，与假设不符. 并且在同一条最大链上的 A_i，至多有两个相同. 因此对每条最大链 C，有

$$\sum_{A_i \in C} f(A_i) \leqslant 2\mathrm{C}_{100}^{50} + 2\mathrm{C}_{100}^{49} = \mathrm{C}_{102}^{51}$$

给定一条最大链等价于给出 X 中所有元素的一个排列，故最大链条数等于 100!，于是 $S \leqslant 100! \, \mathrm{C}_{102}^{51}$.

另外，通过交换求和符号，有

$$S = \sum_{i=1}^m \sum_{C: A_i \in C} f(A_i) = \sum_{i=1}^m f(A_i) n(A_i)$$

其中 $n(A_i)$ 表示包含 A_i 的最大链的条数. 包含 A_i 的最大链，其对应的 X 中的排列，前 $|A_i|$ 个元素恰为 A_i，因此 $n(A_i) = |A_i|! \, (100 - |A_i|)!$，故 $f(A_i) n(A_i) = 100!$，从而 $S = 100! \, m$. 再结合 $S \leqslant 100! \, \mathrm{C}_{102}^{51}$，即得 $m \leqslant \mathrm{C}_{102}^{51}$.

如果用上 Hall 定理和 Menger 定理，则可得到：

证法 3 我们将 X 的全体子集在包含关系下构成的偏序集 $P(X)$ 划分成 C_{100}^{50} 条互不相交的链，使得其中有 $\mathrm{C}_{100}^{50} - \mathrm{C}_{100}^{49}$ 条链仅由一个集合构成. 若可以做到上述划分，则由证

法 2 中的讨论可知,每条链上至多有 4 个 A_i,但在仅有一个集合的链上至多有 2 个 A_i,从而 $m \leqslant 4C_{100}^{49} + 2(C_{100}^{50} - C_{100}^{49}) = C_{102}^{51}$. 设 $P_i(X) \subset P(X)$ 是 X 的所有 i 元集合构成的子集族. 构作简单图 G,其顶点集为 $P(X)$,对 $A \in P_i(X)$ 以及 $B \in P_{i+1}(X)$,A,B 之间用边相连当且仅当 $A \subset B$.G 限制在 $P_i(X) \bigcup P_{i+1}(X)$ 上,是一个二部图,记为 G_i.对于 $0 \leqslant i < 49$,我们说明 G_i 有一个覆盖 $P_i(X)$ 的匹配.注意到,对 $A \in P_i(X)$,$\deg_{G_i}(A) = 100 - i$,对 $B \in P_{i+1}(X)$,$\deg_{G_i}(B_i) = i + 1 < 100 - i$.对任意 $V \subseteq P_i(X)$,V 在 G_i 中的邻点个数

$$| N_{G_i}(V) | \geqslant | V | \cdot \frac{100 - i}{i + 1} \geqslant | V |$$

由 Hall 定理,在 G_i 中存在覆盖 $P_i(X)$ 的匹配.对每个 $i = 0, 1, \cdots, 48$,取定 G_i 中覆盖 $P_i(X)$ 的匹配,将其余边删去.类似地,对每个 $i = 51, 52, \cdots, 99$,在 G_i 中存在覆盖 $P_{i+1}(X)$ 的匹配,取定这样一个匹配,而将其余边删去.

考虑 G 限制在 $P_{49}(X) \bigcup P_{50}(X) \bigcup P_{51}(X)$ 得到的三部图 H,我们证明 H 中存在 C_{100}^{49} 条互不相交长度为 2 的链,每条链的 3 个顶点分别属于 $P_{49}(X)$,$P_{50}(X)$ 和 $P_{51}(X)$.这需要用到 Menger 定理:设 $G = (V, E)$ 是一个简单图,$U, W \subseteq V$ 是两个不相交的顶点子集.考虑 G 中一组从 U 出发到 W 结束的互不相交的路径,这样的一组路径最大个数记为 k.再考虑从 G 中删去若干个顶点(可以是 U 和 W 中的顶点)使得剩下的图中不存在从 U 中顶点出发到 W 中顶点的路径,所需删去的最少顶点数记为 l,则有 $k = l$.

根据 Menger 定理,只需说明从 H 中至少删去 C_{100}^{49} 个顶点才能使得没有从 $P_{49}(X)$ 中顶点到 $P_{51}(X)$ 中顶点的路径.H 中所有这样的长度为 2 的路径共有 $C_{100}^{49} \cdot 51 \cdot 50$ 条.一个 $P_{50}(X)$ 中的顶点恰落在 $50 \cdot 50$ 条这样的路径上,一个 $P_{49}(X)$ 或 $P_{51}(X)$ 中的顶点恰落在 $51 \cdot 50$ 条这样的路径上,因此删去一个 $P_{50}(X)$ 中的顶点恰好破坏 $50 \cdot 50$ 条路径,删去一个 $P_{49}(X)$ 或 $P_{51}(X)$ 中的顶点恰好破坏 $51 \cdot 50$ 条路径,于是至少删去 C_{100}^{49} 个顶点才能破坏所有的路径.

将这 C_{100}^{49} 条路径连同之前得到的那些匹配中的边合在一起,便得到了我们所需的链划分.

如果再往前追溯,1981 年 5 月,加拿大举行了第 13 届数学竞赛,其最后一道试题为:

试题 3 共有 11 个剧团参加会演,每天都排定其中某些剧团演出,其余的剧团则跻身于普通观众之列.在会演结束时,每个剧团除了自己的演出日,至少观看过其他每个剧团的一次表演.问这样的会演至少要安排几天?

用施佩纳引理可以很容易地证明试题 3.

证法 1 令 $A = \{1, 2, \cdots, n\}$,以 A_i($i = 1, 2, \cdots, 11$)表示第 i 个剧团做观众的时间集合,则 $A_i \subseteq A$($i = 1, 2, \cdots, 11$).

由于每个剧团都全面观摩过其他剧团的演出,所以 A_i, A_j($1 \leqslant i, j \leqslant 11$)互不包含(第 i 个剧团观摩第 j 个剧团的那一天属于 A_i 而不属于 A_j),故

$$\{A_1, A_2, \cdots, A_{11}\}$$

为 S 族.由施佩纳引理知,只需求

$$n_0 = \min\{n \mid C_n^{[\frac{n}{2}]} \geqslant 11\}$$

由于 $f(n) = C_n^{[\frac{n}{2}]}$ 是增函数,故由 $C_5^2 = 10, C_6^3 = 20$ 知,$n_0 = 6$. 证毕.

证法 1 固然简洁明快,但它是以知道施佩纳引理为前提的,并不适合中学生,下面给出另一种证法.

证法 2 设共有 m 天,集合 $M = \{1, 2, \cdots, m\}$;有 n 个队,$A_i = \{$第 i 个队的演出日期$\}$. 显然 $A_i \subsetneqq M$. 我们将满足全面观摩要求称为具有性质 P.

定义 $f(n) \triangleq \min\{m \mid A_1, A_2, \cdots, A_n$ 具有性质 P$\}$,故我们只需证 $f(11) = 6$.

为了便于叙述,先来证明两个简单的引理.

引理 2 以下 3 个结论是等价的:

(1) $A_1, A_2, \cdots, A_n$ 具有性质 P.

(2) 对任意的 $1 \leqslant i \neq j \leqslant n, A_i \overline{A_j} \neq \varnothing$.

(3) $\{A_1, A_2, \cdots, A_n\}$ 是 S 族.

证明 (1)$\Rightarrow$(2) 用反证法:假若存在 $1 \leqslant i \neq j \leqslant n$,使得 $A_i \overline{A_j} = \varnothing$,则第 j 个队就无法观看第 i 个队的演出,与(1) 矛盾.

(2)$\Rightarrow$(3) 假若 $\{A_1, A_2, \cdots, A_n\}$ 不是 S 族,则必定存在 $1 \leqslant i \neq j \leqslant n$,使得 $A_i \subsetneqq A_j$,则有 $A_i \overline{A_j} \subsetneqq A_j \overline{A_j}$. 而 $A_j \overline{A_j} = \varnothing$,故 $A_i \overline{A_j} = \varnothing$,与(2) 矛盾.

(3)$\Rightarrow$(1) 如果第 i 个队始终看不到第 j 个队的演出,那么这意味着第 i 个队在演出时,第 j 个队也一定在演出,即 $A_i \subsetneqq A_j$,与(3) 矛盾.

引理 3 若 $\{A_1, A_2, \cdots, A_n\}$ 具有性质 P,则 $\overline{A_1}, \overline{A_2}, \cdots, \overline{A_n}$ 也具有性质 P.

证明 注意到,对任意 $1 \leqslant i \neq j \leqslant n$,有关系式

$$\overline{A_i} \overline{A_j} = \overline{A_i} \overline{A_j} \cdot A_j \overline{A_i}$$

故由引理 1 知该结论为真.

下面我们来证明试题 3. 首先,证明 $f(11) \leqslant 6$. 现构造一个安排如下

$$A_1 = \{1, 2\}, A_2 = \{1, 3\}, A_3 = \{1, 4\}, A_4 = \{1, 5\}$$
$$A_5 = \{2, 3\}, A_6 = \{2, 4\}, A_7 = \{2, 5\}$$
$$A_8 = \{3, 4\}, A_9 = \{3, 5\}$$
$$A_{10} = \{4, 5\}$$
$$A_{11} = \{6\}$$

显然这个安排满足引理 2 中的(3),由引理 2 知它满足全面观摩的要求,故 $f(11) \leqslant 6$.

接下来,证明 $f(11) > 5$,即对 $M_1 = \{1, 2, 3, 4, 5\}$ 无法构造出 $A_1, A_2, \cdots, A_{11}$,使之具有性质 P. 为此我们还需要证明几个引理,对于 M_1 我们有如下的引理:

引理 4 $|A_i| \neq 1 (1 \leqslant i \leqslant 11)$.

证明 用反证法:假设存在某个 $i(1 \leqslant i \leqslant 11)$,使 $|A_i| = 1$;不失一般性,可设 $|A_1| = 1, A_1 = \{1\}$. 则由引理 2 中的(3) 可知,$\{1\} \not\subseteq A_j (2 \leqslant j \leqslant 11)$,即它们也具有性质 P. 下面证 $|A_j| \neq 1, 2, 3 (2 \leqslant j \leqslant 11)$.

(1) 若存在某个 $2 \leqslant i \leqslant 11$,使得 $|A_i| = 1$,则不妨设 $|A_2| = 1$,且 $A_2 = \{2\}$. 由引理

2 的中(3) 可得

$$\{2\} \not\subseteq A_j \quad (3 \leqslant j \leqslant 11)$$

于是 $A_j \subsetneqq M_2 - A_2 = \{3,4,5\}$(记为 M_3)$(3 \leqslant j \leqslant 11)$. M_3 的所有真子集共 $2^3 - 2 = 6$ 个, 但 $A_3, A_4, \cdots, A_{11}$ 共有 9 个, 故由抽屉原理知至少有两个相同, 与引理 2 矛盾.

(2) 假设存在某个 $2 \leqslant i \leqslant 11$, 使得 $|A_i| = 3$, 不失一般性, 可假设 $|A_2| = 3$, 且 $A_2 = \{2,3,4\}$, 那么 $A_j \subseteq M_2 - A_2(3 \leqslant j \leqslant 11)$. 而 $M_2 - A_2$ 的真子集共有 $(2^4 - 2) - (2^3 - 1) = 7$ 个, 由抽屉原理知, 在 $A_2, \cdots, A_{11}$ 中一定有两个相同, 与引理 1 矛盾.

(3) 由(1)(2)可知, 对所有的 $2 \leqslant i \leqslant 11$, 都有 $|A_i| = 2$, 而 M_2 的所有二元子集总共只有 $C_4^2 = 6$ 个, 由抽屉原理知必有两个 A_i 和 $A_j (2 \leqslant i \neq j \leqslant 11)$ 相同, 与引理 2 矛盾.

综合(1)(2)(3)可知引理 4 成立. 证毕.

引理 5 $|A_i| \neq 4 (1 \leqslant i \leqslant 11)$.

证明 由引理 3 知, 若 $A_1, A_2, \cdots, A_{11}$ 具有性质 P, 则 $\overline{A_1}, \overline{A_2}, \cdots, \overline{A_{11}}$ 也具有性质 P, 故由引理 3 知

$$|\overline{A_i}| \neq 1 \quad (1 \leqslant i \leqslant 11)$$

注意到

$$|A_i| = |A_i \bigcup \overline{A_i}| - |\overline{A_i}| = 5 - |\overline{A_i}|$$

故 $|A_i| \neq 4$.

引理 6 我们记 $M^{(i)}$ 表示 M 的所有 i 元子集, 且

$$\alpha = |\{A_i \mid |A_i| = 2, 1 \leqslant i \leqslant 11\}| = |M^{(2)}|$$

$$\beta = |\{A_i \mid |A_i| = 3, 1 \leqslant i \leqslant 11\}| = |M^{(3)}|$$

则 $\beta \geqslant 6$.

证明 用反证法: 假设 $\beta \leqslant 5$.

(1) 先证 $\beta \neq 1$, $|M^{(2)}| = C_5^2 = 10$, 故 $\beta = 1$ 时, $\alpha = 11 - \beta = 10$, 可以取到, 但此时这个唯一的三元集 A_j, 一定存在某个 $A_p \in \{A_i \mid |A_i| = 2, 1 \leqslant i \leqslant 11\}$, 使 $A_p \subsetneqq A_j$, 与引理 1 矛盾. 所以 $\beta \neq 1$.

(2) 若 $\beta = 2$, 设 $|A_1| = |A_2| = 3$, 且 $A_1 = \{1,2,3\}$, 考虑 $A_1 \bigcap A_2$, $|A_1 \bigcap A_2| = 1$ 或 2.

① 若 $|A_1 \bigcap A_2| = 1$, 则可设 $A_2 = \{3,4,5\}$, 于是

$$|A_1^{(2)}| + |A_2^{(2)}| = C_3^2 + C_3^2 = 6$$

故 $\alpha \leqslant |\{A_i \mid |A_i| = 2, A_i \not\subseteq A_1$ 且 $A_i \subseteq A_2\}| = 4$, $\alpha + \beta \leqslant 4 + 2 = 6$, 与 $\alpha + \beta = 11$ 矛盾.

② 若 $|A_1 \bigcap A_2| = 2$, 则可设 $A_2 = \{2,3,4\}$, 于是 $|\{B_j \mid |B_j| = 2, B_j \subseteq A_1$ 或 $B_j \subseteq A_2\}| = C_3^2 + C_3^2 - 1 = 5$. 由引理 1 知 $\alpha \leqslant 10 - 5 = 5$, 故 $\alpha + \beta \leqslant 5 + 2 = 7$, 与 $\alpha + \beta = 11$ 矛盾.

综合(1)(2)可知 $\beta \neq 2$.

(3) 若 $\beta = 3$, 则不妨设 $|A_1| = |A_2| = |A_3| = 3$, 且 $A_1 = \{1,2,3\}$, 仍考虑 $A_1 \bigcap A_2$, $|A_1 \bigcap A_2| = 1$ 或 2.

① 若 $|A_1 \bigcap A_2| = 1$, 则可设

$$A_2 = \{3,4,5\}$$

$$| A_1^{(2)} \bigcup A_2^{(2)} | = | A_1^{(2)} | + | A_2^{(2)} | = 3 + 3 = 6$$

考察 $A_3^{(2)}$.

如果 $A_3^{(2)} \subsetneqq A_1^{(2)} \bigcup A_2^{(2)}$，则因 $| A_3^{(2)} | = 3$，故由抽屉原则可知，存在 $Y_1, Y_2 \in A_3^{(2)}$，使得 $Y_1, Y_2 \in A_1^{(2)}$ 或 $Y_1, Y_2 \in A_2^{(2)}$，即 $| A_3^{(2)} \bigcap A_j^{(2)} | = 2 (j = 1$ 或 $2)$，但这会导致 $A_1 = A_j (j = 1$ 或 $2)$，矛盾.

② 若 $| A_1 \bigcap A_2 | = 2$，则也会产生类似的矛盾.

由①② 可知，$A_3^{(2)} \nsubseteq A_1^{(2)} \bigcup A_2^{(2)}$，故

$$| \bigcup_{i=1}^{3} A_i^{(2)} | \geqslant | \bigcup_{i=1}^{2} A_i^{(2)} | + 1$$
$$= | A_1^{(2)} | + | A_2^{(2)} | - | A_1^{(2)} \bigcap A_2^{(2)} | + 1$$
$$= \begin{cases} 7, & | A_1 \bigcap A_2 | = 1 \\ 6, & | A_1 \bigcap A_2 | = 2 \end{cases}$$

由引理 2 的(3) 可知

$$\alpha \leqslant | M_1^{(2)} | - | \bigcup_{i=1}^{3} A_i^{(2)} | \leqslant 10 - 6 = 4$$

因此 $\beta \geqslant 11 - 4 = 7$，这与假设 $\beta \leqslant 5$ 矛盾，故引理 6 成立.

引理 7 $\alpha \geqslant 6$.

证明 若 $A_1, A_2, \cdots, A_{11}$ 具有性质 P，由引理 3 知 $\overline{A}_1, \overline{A}_2, \cdots, \overline{A}_{11}$ 也具有性质 P. 记
$$\alpha' = | \{ \overline{A}_i \mid | \overline{A}_i | = 2, 1 \leqslant i \leqslant 11 \} |$$
$$\beta' = | \{ \overline{A}_i \mid | \overline{A}_i | = 3, 1 \leqslant i \leqslant 11 \} |$$

由于 $| M_1 | = 5$，则 $| \overline{A}_i | = 2 \Rightarrow | A_i | = 3$，$| \overline{A}_i | = 3 \Rightarrow | A_i | = 2$，故 $\beta' = \alpha, \alpha' = \beta$.

由引理 6 知，$\beta' \geqslant 6$，故 $\alpha = \beta' \geqslant 6$，证毕.

由引理 6 和引理 7 可知，$\alpha + \beta \geqslant 6 + 6 = 12$，与 $\alpha + \beta = 11$ 矛盾. 故对 $M_1 = \{1, 2, 3, 4, 5\}$ 不能构造出 $A_1, A_2, \cdots, A_{11}$ 具有性质 P，即 $f(11) > 5$. 再由开始所证 $f(11) \leqslant 6$ 可知 $f(11) = 6$.

证法 2 使用了最少的预备知识，只用到集合的运算，条分缕析，自然流畅，但过程冗长，所以我们希望得到一个精炼却不失"初等"的解答. 经过对证法 2 的分析，我们可以看到 $f(11) \leqslant 6$ 这步已无法压缩，对 $f(11) > 5$ 却可以通过引入某种特殊的结构加以简化.

定义 1 如果 $X = \{1, 2, \cdots, n\}$ 的子集族 $F = \{A_1, A_2, \cdots, A_m\}$ 中的元素满足 $A_1 \subseteq A_2 \subseteq \cdots \subseteq A_m$，并且满足以下两个关系式：

(1) $| A_{i+1} | = | A_i | + 1 (i = 1, 2, \cdots, m - 1)$.

(2) $| A_1 | + | A_m | = n$.

则称链 F 为对称链.

对称链有如下性质：

性质 1 若 $| A_1 | = 1$，则 X 中对称链的总条数为 $n!$.

证明 设 $A_1 \subseteq A_2 \subseteq \cdots \subseteq A_m$ 是一条对称链. 若 $| A_1 | = 1$，则由定义 1 中的(1)(2) 可知

$$| A_2 | = 2, | A_3 | = 3, \cdots, | A_m | = n - 1$$

若 A_1 选 $\{i\} (1 \leqslant i \leqslant n)$，可有 n 种选法，注意到 $A_2 \supseteq A_1$，则 A_2 为 $\{i, j\}$ 型，$i \neq j, j$ 有 $n -$

1 种选法,依此类推,这种链的条数为

$$n \cdot (n-1) \cdot (n-2) \cdots 2 \cdot 1 = n!$$

性质 2 若 $A_1 \subseteq A_2 \subseteq \cdots \subseteq A_m$ 是 X 中的一条对称链,那么 $\bar{A}_1 \supseteq \bar{A}_2 \supseteq \cdots \supseteq \bar{A}_m$ 也是 X 中的一条对称链.

证明 由 $A_1 \subseteq A_2 \subseteq \cdots \subseteq A_m$ 是 X 中的一条链,可知 $\bar{A}_m \subseteq \bar{A}_{m-1} \subseteq \cdots \subseteq \bar{A}_2 \subseteq \bar{A}_1$ 也是 X 中的一条链.另外

$$| \bar{A}_i | = | X - A_i | = | X | - | A_i |$$
$$| \bar{A}_{i+1} | = | X - A_{i+1} | = | X | - | A_{i+1} |$$
$$= | X | - | A_i | - 1$$

所以

$$| \bar{A}_i | = | \bar{A}_{i+1} | + 1$$

且

$$| \bar{A}_1 | + | \bar{A}_m | = | X - A_1 | + | X - A_m |$$
$$= 2 | X | - (| A_1 | + | A_m |)$$
$$= 2n - n = n$$

故由定义 1 知,$\bar{A}_m \subseteq \bar{A}_{m-1} \subseteq \cdots \subseteq \bar{A}_2 \subseteq \bar{A}_1$ 也是 X 中的一条对称链.

性质 3 $| A_1 | = 1$ 和 $| A_{n-1} | = n - 1$ 包含在 $(n-1)!$ 条对称链中.

证明 因为 $| A_1 | = 1$,不妨设 $A_1 = \{1\}$,则以 A_1 开始(即 $A_1 \subseteq \cdots \subseteq A_m$ 型)的每条链都包含 1,故 $H = \{A_2 - \{1\}, A_3 - \{1\}, \cdots, A_{n-1} - \{1\}\}$ 是一条长为 $n-2$ 的对称链.由性质 1 知 H 的种数为 $(n-1)!$.

同理可证,满足 $| A_{n-1} | = n - 1$ 的对称链有 $(n-1)!$ 种.证毕.

利用性质 1 及性质 3 我们有如下证法:

证法 3 $f(11) \leqslant 6$ 的证法同证法 2.以下证明 $f(11) > 5$.因为每个剧团的标号是一个子集 $A \subseteq \{1,2,3,4,5\}$,并且显然 $1 \leqslant | A | \leqslant 4$.定义一条对称链 $A_1 \subseteq A_2 \subseteq A_3 \subseteq A_4$,其中 $| A_i | = i (1 \leqslant i \leqslant 4)$.由性质 1 可知这种链的总条数为 120.由性质 3 知,每个满足 $| A_i | = 1$ 或 4 的子集出现在 $(5-1)! = 24$ 条链中,而每个满足 $| A_i | = 2, 3$ 的子集出现在 $2 \times 3 \times 2 = 12$ 条链中(例如 A_2 含有两数,则 A_1 含有这两数之一,A_3 含有其余三数之一,A_4 含有其余两数之一).由于共有 11 个剧团,每个剧团的标号在 120 条链中出现 24 次或 12 次,所以 11 个标号总共至少出现 $11 \times 12 = 132$ 次.根据抽屉原理,至少有两个标号(记为 A 和 B)出现在同一条链中,但这与 A, B 属于施佩纳族矛盾.

利用对称链的方法我们还可以给出施佩纳引理的一个新证明.

定义 2 如果 $F_1, F_2, \cdots, F_n$ 是 $X = \{1, 2, \cdots, n\}$ 的 m 条对称链,且对每个 $A \subseteq X$:

(1) 存在一个 $i (1 \leqslant i \leqslant m)$,使得 $A \in F_i$.

(2) 不存在 $i, j (1 \leqslant i \neq j \leqslant m)$,使得 $A \in F_i \cap F_j$.

则称 $F_1, F_2, \cdots, F_m$ 为 m 条互不相交的对称链.

对不相交对称链的条数,我们有如下定理:

定理 设 $F_i (i = 1, 2, \cdots, m)$ 为 $X = \{1, 2, \cdots, n\}$ 的对称链,$F = \{F_1, F_2, \cdots, F_m\}$,则 $| F | = C_n^{[\frac{n}{2}]}$.

证明 对 n 应用数学归纳法：

(1) 当 $n=1$ 时，结论显然成立.

(2) 假设当 $n=k$ 时结论成立，即 $\{1,2,\cdots,n-1\}$ 的全体子集可以分拆为 $C_n^{\left[\frac{n}{2}\right]}$ 条互不相交的对称链.

(3) 设 $F_j=\{A_1,A_2,\cdots,A_t\}$ 为其中任意一条

$$A_1\subseteq A_2\subseteq\cdots\subseteq A_t \tag{3}$$

考察链

$$A_1\subseteq A_2\subseteq\cdots\subseteq A_t\subseteq A_t\bigcup\{n\} \tag{4}$$

与

$$A_1\bigcup\{n\}\subseteq A_2\bigcup\{n\}\subseteq\cdots\subseteq A_{t-1}\bigcup\{n\} \tag{5}$$

显然链 (4)(5) 都是 X 的对称链，设 $A\subseteq X$，则有以下两种情况：

① 若 $n\notin A$，那么 n 必恰在一条形如 (3) 的链中，从而也必在一条形如 (4) 的链中，但它一定不在形如 (5) 的链中.

② 若 $n\in A$，那么 $A-\{n\}$ 必恰在一条形如 (3) 的链中；在 $A-\{n\}=A_t$ 时，它恰在一条形如 (4) 的链中；在 $A-\{n\}\neq A_t$ 时，它恰在一条形如 (5) 的链中.

于是 X 的全部子集被分拆成若干条互不相交的对称链，显然每个对称链都含有一个 $\left[\frac{n}{2}\right]$ 元子集，所以所有不相交对称链的条数为 $C_n^{\left[\frac{n}{2}\right]}$.

我们从每条链中至多只能选出一个集合组成 S 链，故 S 链中的元素个数最多为 $C_n^{\left[\frac{n}{2}\right]}$，即给出了施佩纳引理的又一证明.

其实当链不是对称链时，链的条数不一定恰好等于 S 族元素个数的最大值. 一般地，有如下定理：

Dilworth 定理 集族 $A=\{A_1,A_2,\cdots,A_p\}$，$F=\{F_1,F_2,\cdots,F_q\}$ 是 A 中 q 条不相交的链，若 $A=\bigcup\limits_{i=1}^{q}F_i$，则 $\min|F|=\max|\{A_i\mid A_i\in S\}|$.

即当集族 A 被分拆为不相交的链时，所需用的最少条数为 A 中元素个数最多的 S 族的元素个数.

沿时间轴继续向前找，则早在 1977 年苏联大学生数学竞赛试题中也出现过施佩纳引理的特例：

试题 4 由 10 名大学生按照下列条件组织运动队：

(1) 每个人可以同时报名参加几个运动队.

(2) 任一运动队不能完全包含在另一个队中或者与其他队重合（但允许部分重合）.

在这两个条件下，最多可以组织多少个队？各队包含多少人？

解 设 $M\triangleq\{$满足条件 (1)(2)，且所含队数最多的运动队的集合$\}$，则

$$M_i\in M,\ |M_i|=i$$
$$r=\min\{i\mid M_i\neq\varnothing\}$$
$$s=\max\{i\mid M_i\neq\varnothing\}$$

(1) 如果 $s>5$,设 $N \triangleq \{M_s \mid$ 去掉一名运动员所得到的一切可能的运动队$\}$,则 $|N|=s-1$,故对任意的 $A \in M_s$,都存在 $B_j \in N(1 \leqslant j \leqslant s)$,使得 $B_j \subsetneqq A(1 \leqslant j \leqslant s)$($B_j$ 是由 A 去掉 s 个人之中的一个所得到的);而对每个 $B \in N$,则存在不多于 $11-s$ 个 $A_j(1 \leqslant j \leqslant 11-s)$,使 $B \subsetneqq A_j$(加上至多 $10-(s-1)=11-s$ 个不在 N 中的运动队中的人之一得到的运动队有可能不在 M_s 中),因此 $(11-s)|N| \geqslant s|M_s|$,故

$$|N| \geqslant \frac{s}{11-s}|M_s| \geqslant \frac{6}{5}|M_s| > |M_s|$$

$$\sum_{j=r}^{s-1}|M_j|+|N| > \sum_{j=r}^{s-1}|M_j|+|M_s|$$

$$=\sum_{j=r}^{s}|M_j|=|M|$$

下面我们证明 $M_j(r \leqslant j \leqslant s-1)$,$N$ 都满足条件(1)(2).满足条件(1)是显然的;再看条件(2),若存在 $X \in M_i$,且 $X \in N$,由 N 的定义知,存在一个 $Y \in M_s$,使得 $X \subsetneqq Y$,与 M 的定义矛盾.注意到,对任意 $P \in N,Q \in M_i$ 都有 $|P| \geqslant |Q|$,故不能有 $P \subsetneqq Q$,而这与 M 的最大性假设矛盾,故 $s \leqslant 5$.

(2) 同理可证 $r \geqslant 5$,从而 $r=s=5$,即运动队全由 5 个人组成,由 5 个人组成的运动队有 C_{10}^5 个,显然满足条件(1)(2),故最多有 $C_{10}^5=252$ 个队,每队含 5 人.

用这种方法我们还可以给出施佩纳引理的另一种证法.先证一个引理.

引理 8 设 $X=\{1,2,\cdots,n\}$,$A=\{A_i \mid |A_i|=k,A_i \subseteq X\}$,$B=\{B_i \mid |B_i|=k+1, B_i \subseteq X\}$,且满足:

(1) 对于每个 $B_i \in B$,一定有某个 $A_j \in A$,使得 $B_i \supseteq A_j$.

(2) 对于每个 $A_i \in A$,对所有 $B_l \supseteq A_i$,有 $B_l \in B$,则

$$|B| \geqslant \frac{n-k}{k+1}|A|$$

证明 由条件(2) 知

$$m_i=|\{B_l \mid B_l \supseteq A_i,B_l \in B,A_i \in A\}|=n-k$$

$$\sum_{i=1}^{|A|} m_i=\sum_{i=1}^{|A|}(n-k)=|A|(n-k)$$

反过来,对每个 $B_j \supseteq B, \max |\{A_i \mid A_i \supseteq B_j\}|$,有

$$(k+1)|B| \geqslant (n-k)|A|$$

即

$$|B| \geqslant \frac{n-k}{k+1}|A|$$

利用引理 8 我们有施佩纳引理的如下证法:

证明 记 K_0 为 n 阶集合 X 的 S 类子集族中阶数最高的,并记 $n=2m$(对 $n=2m+1$ 的情形我们可类似证明).设 $F=\{A_i \mid A_i \subseteq X, |A_i|=m\}$,我们来证明 $K_0=F$.

(1) 先证 $K_0 \subsetneqq F$.

用反证法:设 K_0 中有 $r(r \geqslant 1)$ 个元素 $A_1,A_2,\cdots,A_r$,是 A 的 $k(k \geqslant m+1)$ 阶子集,记

$$K_3=\{B_i \mid |B_i|=k-1,B_i \subseteq A_j,1 \leqslant j \leqslant r\}$$

即 K_3 也是 X 的子集族，$|K_3|=s$. 由于每个 k 阶集合皆含 k 个不同的 $k-1$ 阶子集，所以 $B_1,B_2,\cdots,B_s$ 连同重复出现的次数共 kr 个，但每个 $k-1$ 阶子集可包含于 A 的 $n-(k-1)$ 个不同的 k 阶子集中，故从整体来看，$B_1,B_2,\cdots,B_s$ 连同重复出现的次数不会超过 $s(n-k+1)$ 个，因此有

$$kr \leqslant s(n-k+1) \tag{6}$$

由于

$$k \geqslant m+1 = \frac{n+2}{2} > \frac{n+1}{2}$$

故由式(6)知

$$s \geqslant \frac{k}{n-k+1}r > r$$

用 $B_1,B_2,\cdots,B_s$ 取代 K_0 中的 $A_1,A_2,\cdots,A_r$ 得一新子集族 K_1，易见 K_1 仍为 S 类. 但由 $s > r$ 知，$|K_1| > |K_0|$，此与 K_0 的最大性矛盾.

(2) 再证 $K_0 \supsetneqq F$.

设 K_0 中含有 $r_1(r_1 \geqslant 1)$ 个 $k(k \leqslant m-1)$ 阶的 A 的子集 $A'_1,A'_2,\cdots,A'_{r_1}$，记 $K'_1 = \{A'_1,A'_2,\cdots,A'_{r_1}\}$.

按引理 8 中的方式构造相应的 $K'_2 = \{B'_1,B'_2,\cdots,B'_{s_1}\}$，并以 $B'_1,B'_2,\cdots,B'_{s_1}$ 取代 K_0 中的 $A'_1,A'_2,\cdots,A'_{r_1}$，从而得到一个新子集族 K_2. 当然 K_2 也是一个 S 族，由引理 8 及 $k \leqslant m-1 = \frac{n-2}{2} < \frac{n-1}{2}$ 知，$s_1 \geqslant \frac{n-k}{k+1}r_1 > r_1$，又得出 $|K_2| > |K_0|$，所以 K_0 中的元素都应为 A 的不低于 m 阶的子集，即 $K_0 \supsetneqq F$.

综合(1)(2)可知 $K_0 = F$，且

$$|F| = C_n^m = C_n^{\left[\frac{n}{2}\right]}$$

对 $n = 2m+1$ 的情形，可同理证明.

其次来看一下本书中第 86 页的题 47.

47. 给定的圆内接四边形 $ABCD$ 的各个顶点在网格的交点上(每个方格的边长等于 1). 已知 $ABCD$ 不是梯形. 证明：$|AC \cdot AD - BC \cdot BD| \geqslant 1$.

解答 从以下引理开始：

引理 若给定三角形的顶点 A,B,C 在单位格点上，则 $\triangle ABC$ 的面积等于 $N/2$，其中 N 是非负整数.

证 考虑最小矩形 R，它的边平行于坐标轴，且包含给定三角形(图 9.11). 这个三角形可以由这个矩形切掉一切直角三角形 $T_1,T_2,\cdots,T_k$ 得出，它们的直角边平行于坐标轴，所以 $\triangle ABC$ 的面积可以用矩形整数面积减去这些指定三角形的面积(半个整数)来计算.

因此，$AC \cdot AD \sin\angle DAC$ 与 $BC \cdot BD \sin\angle DBC$ 一样是整数. 所以

$$|AC \cdot AD - BC \cdot BD| = |m/\sin\alpha|$$

其中 $\alpha = \angle DAC = \angle DBC$，$m$ 是一个非零整数. 不等式 $|\sin\alpha| \leqslant 1$，这样就完成

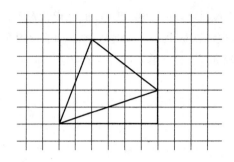

图 9.11

了证明.

其实上述引理就是所谓的 Pick 定理,它在其他大赛中也被频繁用到. 例如:

平面上具有整数坐标的 3 个不同的点位于半径为 $r > 0$ 的一个圆的圆周上. 证明:其中两个点的距离至少为 $r^{1/3}$.

(第 61 届美国大学生数学竞赛试题)

证法 1 顶点为整数坐标的一个三角形的面积 A 是一个整数的一半(例如,由 Pick 定理①或检验某个叉积②),因而 $A \geqslant 1/2$. 我们假设,此三点所在的圆的半径为 r,以 P, Q, R 来表示此三点,并设 $\overline{PR}$ 是最长边. 假设弧 PQR 等于 2θ(即,若 O 是圆心,则 $\angle POR$ 是 2θ,而 Q 位于弧 PR 上的某处). $\triangle PQR$ 的底边长现被固定为 $2r\sin\theta$,其高至多为 $r - r\cos\theta$. 这样

$$1/2 \leqslant A \leqslant r^2 \sin\theta(1 - \cos\theta)$$
$$= r^2(2\sin(\theta/2)\cos(\theta/2))(2\sin^3(\theta/2))$$
$$= 4r^2\sin^2(\theta/2)\cos(\theta/2)$$
$$\leqslant 4r^2(\theta/2)^3 = r^2\theta^3/2$$

这样,$\theta \geqslant 1/r^{2/3}$,同时对 $0 \leqslant \theta \leqslant \pi/2$ 利用 $\sin\theta \geqslant \theta/2$,我们得到

$$\overline{PR} = 2r\sin\theta \geqslant r\theta \geqslant r(1/r^{2/3}) = r^{1/3}$$

证法 2 边长为 a, b, c 的三角形的外接圆的半径为 $abc/4K$,其中 K 是三角形的面积. 由于三角形的 3 个顶点具有整数坐标,因而 $K \geqslant 1/2$. 故 $r \leqslant abc/2$,以至

$$\max\{a, b, c\} \geqslant (abc)^{1/3} \geqslant (2r)^{1/3}$$

---

① Pick 定理:令 A 是一个格点多边形 G 的面积,B 表示 G 的边界上的格点数,I 表示 G 的内部的格点数,则 $A = I + B/2 - 1$.

② 若以 $(x_i, y_i)(i = 1, 2, 3)$ 记 3 个顶点的直角坐标,则三角形的面积为 $\frac{1}{2} \mid (x_1 - x_3)(y_2 - y_3) - (x_2 - x_3)(y_1 - y_3) \mid$.

另外,本书的命题者不乏著名数学家.所以他们对经典和前沿的数学相当熟悉如本书第 46 页的题 54.

54. 连续函数 $f,g:[0,1] \to [0,1]$ 满足以下条件:对所有 $x \in [0,1]$, $f(g(x))=g(f(x))$. 已知 f 是增函数,证明:存在 $a \in [0,1]$,使 $f(a)=g(a)=a$.

解答 将中值定理应用于函数 $h(x)=g(x)-x$,我们得到,存在 $x_0 \in [0,1]$,使 $h(x_0)=0$,即 $g(x_0)=x_0$. 把 $f(x_0)$ 记作 x_1,$f(x_1)$ 记作 x_2,……,$f(x_n)$ 记作 x_{n+1}.用归纳法证明,对每个 k 有 $g(x_k)=x_k$,这个归纳基础已经被证明了.进一步,$g(x_{k+1})=g(f(x_k))=f(g(x_k))=f(x_k)=x_{k+1}$.此外,数列 $\{x_n\}$ 是单调的.若 $x_1 \geqslant x_0$,则 $x_2=f(x_1) \geqslant f(x_0)=x_1$,因为 f 是递增的.类似地,有 $x_3 \geqslant x_2$ 等.$x_1 < x_0$ 的情形是完全类似的.一个众所周知的事实是,有界单调数列收敛.于是,可以定义,当 $n \to \infty$ 时 $a=\lim x_n$.检验

$$f(a)=f(\lim x_n)=\lim f(x_n)=\lim x_{n+1}=a$$
$$g(a)=g(\lim x_n)=\lim g(x_n)=\lim x_n=a$$

注 这是很久以前提出的乌拉姆(Ulam)猜想:对任意 2 个可交换的连续函数 $f,g:[0,1] \to [0,1]$(即对每个 x,$f(g(x))=g(f(x))$),存在 1 个共同的固定点.这个猜想对多项式已被证实,但现在已有例子证明这个一般猜想并不正确.

这个试题没点素养的人还真命不出来,再比如下面这道(本书第 61 页题 60):

60. 在平面上作一个凸 n 边形.它的第 k 条边的长为 a_k,整个多边形在包含第 k 条边的直线上的投影长为 $d_k(k=1,2,\cdots,n)$. 证明

$$2 < \frac{a_1}{d_1} + \frac{a_2}{d_2} + \cdots + \frac{a_n}{d_n} \leqslant 4$$

解答 我们从引理开始:

引理 本题中给出的不等式对任意凸的中心对称多边形成立.

证 令 h_i 是 N 在 N 的第 i 条边垂线上的投影长(图 7.14(a)).于是,有 $d_i h_i \geqslant S(N)$(S 表示面积),因此

$$\sum_{i=1}^{n} \frac{a_i}{d_i} \leqslant \sum_{i=1}^{n} \frac{a_i h_i}{S(N)} = \sum_{i=1}^{n} \frac{4S(OB_i B_{i+1})}{S(N)} = 4$$

可以在一般情形下证明左边的不等式:若 D 是 N 的直径(多边形各顶点间的最大距离),则

$$\sum_{i=1}^{n} \frac{a_i}{d_i} \geqslant \sum_{i=1}^{n} \frac{a_i}{D}$$

因为线段是联结两点的最短路径,所以多边形的周长大于它任意一条对角线或任意一条边长的 2 倍.

现在考虑给定的多边形 $M = A_1 A_2 \cdots A_n$,其中 $A_i A_{i+1}$ 是它的第 i 条边(由定义 $A_{n+1} \equiv A_1$).令 v_k 表示向量 $\overline{A_k A_{k+1}}$.我们可以构成一个集合 $\{v_1, v_2, \cdots, v_n, -v_1, -v_2, \cdots, -v_n\}$.然后以这样的方法作出这些向量,使它们的起点与原点 O 重合,且按逆时针方向给它们编号:$u_1 = v_1, u_2 = v_2, u_3 = v_3, \cdots, u_{2n} = v_{2n}$(图 7.14(b)).此外,给各向量 $u_1, u_1 + u_2, u_1 + u_2 + u_3, \cdots, u_1 + u_2 + \cdots + u_{2n} = \mathbf{0}$ 标号(图 7.14(c)).我们可以看到,标号的点在凸多边形 N 的各顶点上,它们是中心对称的.此外,对 M 的每一条边存在 N 的 2 条边与之平行且相等.类似地,N 在平面的每条直线上的投影恰好是 M 在这条直线上投影的 2 倍.总结一下,我们得到,表达式 $\sum\limits_{i=1}^{n} a_i/d_i$ 的值对多项式 M 与 N 是相同的.因此,只需对中心对称多项式证明这个不等式就够了,而这已经在以上引理中完成了.

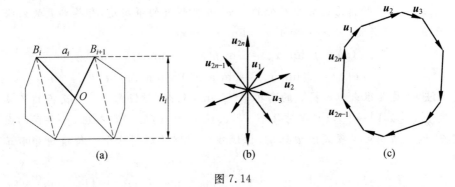

图 7.14

注 在非标准几何学中,这个不等式涉及另一个众所周知的事实.我们考虑平面上凸的关于原点 O 中心对称的图形 F.于是,任意两点 A 和 B 之间的"F 距离"的计算如下:作线段 $OX \parallel AB$,其中 X 在 F 的边界上,计算比 AB/OX.这个新的距离 $|AB|_F$ 满足以下 3 个基本条件:

(a) $|AB|_F = |BA|_F$.

(b) $|AB|_F \geqslant 0$,当且仅当 $A = B$ 时,$|AB|_F = 0$.

(c) $|AB|_F + |BC|_F \geqslant |AC|_F$.

前 2 个性质是显然的,第 3 个性质由 F 的凸性推出.由这个距离推广出的新几何学称为闵可夫斯基(Minkowsky)几何学.当然,若 F 是单位圆,则得出通常的欧几里得(Euclid)平面几何学.另外,我们可以看出,F 是这种几何学中的单位圆,它的边界是单位圆周.试图对几个例子计算它的长度,可以查明,它总在 6 与 8 之间,这是可以证明的.这意味着,对闵可夫斯基型的所有几何学,π 的值在区间 $[3,4]$ 中,本题的不等式是这个事实对非中心对称图形的推广.因此,另一个自然的问题就产生了:若 M 不是凸的,则这个不等式是否依然成立呢?

这个凸几何最近在 2024 年阿里巴巴全球数学竞赛初赛试题的问题 5 中也出现了,题目为:

证明题:对于 $\mathbf{R}^3$ 中的任何中心对称的多面体 V,证明可以找到一个椭球面 E,把凸多面体包在内部,且 E 的表面积不超过 V 的表面积的 3 倍.

该问题来源于弗里茨·约翰(Fritz John)在 1948 年证明的一个定理.

考虑凸多面体内的一个椭球体 E,如果 $(e_i)_{i=1}^n$ 是 $\mathbf{R}^n$ 的一组正交基且 $(\alpha_i)_{i=1}^n$ 都是正数,那么椭球体 $E = \{x : \sum_{i=1}^n \frac{\langle x, e_i \rangle^2}{\alpha_i^2} \leqslant 1\}$ 具有体积 $V_n \prod_{i=1}^n \alpha_i$. 事实上,约翰证明了每个凸多面体都包含唯一的最大体积的椭球体,具体地说就是,如果 K 是 $\mathbf{R}^n$ 中的对称凸多面体且 E 是其最大的椭球体,那么我们可以得到 $K \subset \sqrt{n} E$,这里 $K = \{x : |\langle x, v_i \rangle| \leqslant 1, i = 1, 2, \cdots, n\}$ 且某个序列 $(v_i)_{i=1}^n$ 是 $\mathbf{R}^n$ 中的向量. 于是在仿射变换 $(E \to B_2^n)$ 以后就得到 $B_2^n \subset K \subset \sqrt{n} B_2^n$,其中 $B_2^n = \{x \in \mathbf{R}^n : \sum_{i=1}^n x_i^2 \leqslant 1\}$ 为球体.

约翰定理说的是:每个凸多面体 K 都包含一个唯一的最大体积的椭球体,这个椭球体是 B_2^n 当且仅当满足下面的条件,即 $B_2^n \subset K \subset \sqrt{n} B_2^n$,对于某个 n 在 K 的边界上存在欧氏单位向量 $(u_i)_{i=1}^n$,以及正数 $(c_i)_{i=1}^n$ 满足 $\sum_{i=1}^n c_i u_i = 0$,且对每个 $x \in \mathbf{R}^n$ 有

$$|x|^2 = \sum_{i=1}^n c_i \langle x, u_i \rangle^2 \leqslant \sum_{i=1}^n c_i = n$$

关于约翰定理详细的证明和解决我们不再展开,可以参考凸几何方面的专著或文章,让我们先回到问题 5 本身($n = 3$ 的情形),故我们得到的结果是 $K \subset \sqrt{3} E$,因此有 $S(K) \leqslant 3S(E)$.

值得一提的是,闵可夫斯基(Minkowski)的许多结果在竞赛中都相当热门,比如这次比赛中的问题 3:

对于实数 $T > 0$,称欧氏平面 $\mathbf{R}^2$ 的子集 Γ 为 $T -$ 稠密的,如果对任意 $v \in \mathbf{R}^2$,存在 $w \in \Gamma$ 满足 $\|v - w\| \leqslant T$. 设 2 阶整方阵 $A \in M_2(\mathbf{Z})$ 满足 $\det A \neq 0$.

(1) 证明题:假设 $\operatorname{tr} A = 0$. 证明存在 $C > 0$,使得对任意正整数 n,集合 $A^n \mathbf{Z}^2 := \{A^n v : v \in \mathbf{Z}^2\}$ 是 $C |\det A|^{n/2} -$ 稠密的.

(2) 证明题:假设 A 的特征多项式在有理数域上不可约. 证明与(1)相同的结论.

(提示:在对(2)的证明中,可使用如下闵可夫斯基凸体定理的特殊情形,即 $\mathbf{R}^2$ 中以原点为中心且面积为 4 的任意闭平行四边形总包含 $\mathbf{Z}^2$ 中的非零向量.)

国人自古一直在鼓励学生多读书,但读什么书却一直存在"争议". 有人建议多读国学,而鲁迅等有识之士则一直鼓吹多读外国书,少读甚至不读古书,谁对谁错,不便评论,不过就科学而言多读外国的不算错.

叶秉诚(1876—1937,号茂林)曾复函宋育仁论国学学校,关于分科问题,毫不讳言道:

"窃以近三百年来,知识上之学问已趋于科学世界,无论东西各国之学术,必须经科学方法之估定,始有真正之价值. 吾国国学当亦不能外此公例,居今日而谈国学,若不受科学之洗礼者,窃未见其可以发扬而光大之地. 夫吾国学术丰富,数千年来演成之独立文化,持与欧洲文明史比较,洵无愧色,只以近数百年中吾

国学术停滞,少所启明,而欧洲学界锐进,一日千里,不独吾国国学望之瞠乎其后,即希腊罗马之文明,亦如横污行潦之比长江大河也.此非近百年之人智突过东西数千年之圣哲,实受科学发明之赐,而学术界乃有革新之成绩耳.此后中国国学苟无保存之价值则已,如其文明尚伴吾黄种以长存者,林敢断言之曰:必非从前抱残守缺之国学,而为新科学化之国学也."①

目前言论空间逼仄,多说不宜,就此打住!

刘培杰
2024.7.31
于哈工大

---

① 叶秉诚:《复宋芸子论国学学校书》,《重光》第2期,1938年1月15日,第48-49页.

刘培杰数学工作室
已出版(即将出版)图书目录——初等数学

书　　名	出版时间	定　价	编号
新编中学数学解题方法全书(高中版)上卷(第2版)	2018—08	58.00	951
新编中学数学解题方法全书(高中版)中卷(第2版)	2018—08	68.00	952
新编中学数学解题方法全书(高中版)下卷(一)(第2版)	2018—08	58.00	953
新编中学数学解题方法全书(高中版)下卷(二)(第2版)	2018—08	58.00	954
新编中学数学解题方法全书(高中版)下卷(三)(第2版)	2018—08	68.00	955
新编中学数学解题方法全书(初中版)上卷	2008—01	28.00	29
新编中学数学解题方法全书(初中版)中卷	2010—07	38.00	75
新编中学数学解题方法全书(高考复习卷)	2010—01	48.00	67
新编中学数学解题方法全书(高考真题卷)	2010—01	38.00	62
新编中学数学解题方法全书(高考精华卷)	2011—03	68.00	118
新编平面解析几何解题方法全书(专题讲座卷)	2010—01	18.00	61
新编中学数学解题方法全书(自主招生卷)	2013—08	88.00	261
数学奥林匹克与数学文化(第一辑)	2006—05	48.00	4
数学奥林匹克与数学文化(第二辑)(竞赛卷)	2008—01	48.00	19
数学奥林匹克与数学文化(第二辑)(文化卷)	2008—07	58.00	36′
数学奥林匹克与数学文化(第三辑)(竞赛卷)	2010—01	48.00	59
数学奥林匹克与数学文化(第四辑)(竞赛卷)	2011—08	58.00	87
数学奥林匹克与数学文化(第五辑)	2015—06	98.00	370
世界著名平面几何经典著作钩沉——几何作图专题卷(共3卷)	2022—01	198.00	1460
世界著名平面几何经典著作钩沉(民国平面几何老课本)	2011—03	38.00	113
世界著名平面几何经典著作钩沉(建国初期平面三角老课本)	2015—08	38.00	507
世界著名解析几何经典著作钩沉——平面解析几何卷	2014—01	38.00	264
世界著名数论经典著作钩沉(算术卷)	2012—01	28.00	125
世界著名数学经典著作钩沉——立体几何卷	2011—02	28.00	88
世界著名三角学经典著作钩沉(平面三角卷Ⅰ)	2010—06	28.00	69
世界著名三角学经典著作钩沉(平面三角卷Ⅱ)	2011—01	38.00	78
世界著名初等数论经典著作钩沉(理论和实用算术卷)	2011—07	38.00	126
世界著名几何经典著作钩沉(解析几何卷)	2022—10	68.00	1564
发展你的空间想象力(第3版)	2021—01	98.00	1464
空间想象力进阶	2019—05	68.00	1062
走向国际数学奥林匹克的平面几何试题诠释.第1卷	2019—07	88.00	1043
走向国际数学奥林匹克的平面几何试题诠释.第2卷	2019—09	78.00	1044
走向国际数学奥林匹克的平面几何试题诠释.第3卷	2019—03	78.00	1045
走向国际数学奥林匹克的平面几何试题诠释.第4卷	2019—09	98.00	1046
平面几何证明方法全书	2007—08	48.00	1
平面几何证明方法全书习题解答(第2版)	2006—12	18.00	10
平面几何天天练上卷·基础篇(直线型)	2013—01	58.00	208
平面几何天天练中卷·基础篇(涉及圆)	2013—01	28.00	234
平面几何天天练下卷·提高篇	2013—01	58.00	237
平面几何专题研究	2013—07	98.00	258
平面几何解题之道.第1卷	2022—05	38.00	1494
几何学习题集	2020—10	48.00	1217
通过解题学习代数几何	2021—04	88.00	1301
圆锥曲线的奥秘	2022—06	88.00	1541

刘培杰数学工作室
已出版(即将出版)图书目录——初等数学

书　名	出版时间	定　价	编号
最新世界各国数学奥林匹克中的平面几何试题	2007—09	38.00	14
数学竞赛平面几何典型题及新颖解	2010—07	48.00	74
初等数学复习及研究(平面几何)	2008—09	68.00	38
初等数学复习及研究(立体几何)	2010—06	38.00	71
初等数学复习及研究(平面几何)习题解答	2009—01	58.00	42
几何学教程(平面几何卷)	2011—03	68.00	90
几何学教程(立体几何卷)	2011—07	68.00	130
几何变换与几何证题	2010—06	88.00	70
计算方法与几何证题	2011—06	28.00	129
立体几何技巧与方法(第2版)	2022—10	168.00	1572
几何瑰宝——平面几何500名题暨1500条定理(上、下)	2021—07	168.00	1358
三角形的解法与应用	2012—07	18.00	183
近代的三角形几何学	2012—07	48.00	184
一般折线几何学	2015—08	48.00	503
三角形的五心	2009—06	28.00	51
三角形的六心及其应用	2015—10	68.00	542
三角形趣谈	2012—08	28.00	212
解三角形	2014—01	28.00	265
探秘三角形:一次数学旅行	2021—10	68.00	1387
三角学专门教程	2014—09	28.00	387
图天下几何新题试卷.初中(第2版)	2017—11	58.00	855
圆锥曲线习题集(上册)	2013—06	68.00	255
圆锥曲线习题集(中册)	2015—01	78.00	434
圆锥曲线习题集(下册·第1卷)	2016—10	78.00	683
圆锥曲线习题集(下册·第2卷)	2018—01	98.00	853
圆锥曲线习题集(下册·第3卷)	2019—10	128.00	1113
圆锥曲线的思想方法	2021—08	48.00	1379
圆锥曲线的八个主要问题	2021—10	48.00	1415
论九点圆	2015—05	88.00	645
近代欧氏几何学	2012—03	48.00	162
罗巴切夫斯基几何学及几何基础概要	2012—07	28.00	188
罗巴切夫斯基几何学初步	2015—06	28.00	474
用三角、解析几何、复数、向量计算解数学竞赛几何题	2015—03	48.00	455
用解析法研究圆锥曲线的几何理论	2022—05	48.00	1495
美国中学几何教程	2015—04	88.00	458
三线坐标与三角形特征点	2015—04	98.00	460
坐标几何学基础.第1卷,笛卡儿坐标	2021—08	48.00	1398
坐标几何学基础.第2卷,三线坐标	2021—09	28.00	1399
平面解析几何方法与研究(第1卷)	2015—05	28.00	471
平面解析几何方法与研究(第2卷)	2015—06	38.00	472
平面解析几何方法与研究(第3卷)	2015—07	28.00	473
解析几何研究	2015—01	38.00	425
解析几何学教程.上	2016—01	38.00	574
解析几何学教程.下	2016—01	38.00	575
几何学基础	2016—01	58.00	581
初等几何研究	2015—02	58.00	444
十九和二十世纪欧氏几何学中的片段	2017—01	58.00	696
平面几何中考.高考.奥数一本通	2017—07	28.00	820
几何学简史	2017—08	28.00	833
四面体	2018—01	48.00	880
平面几何证明方法思路	2018—12	68.00	913
折纸中的几何练习	2022—09	48.00	1559
中学新几何学(英文)	2022—10	98.00	1562
线性代数与几何	2023—04	68.00	1633
四面体几何学引论	2023—06	68.00	1648

刘培杰数学工作室

已出版(即将出版)图书目录——初等数学

书　名	出版时间	定　价	编号
平面几何图形特性新析.上篇	2019—01	68.00	911
平面几何图形特性新析.下篇	2018—06	88.00	912
平面几何范例多解探究.上篇	2018—04	48.00	910
平面几何范例多解探究.下篇	2018—12	68.00	914
从分析解题过程学解题:竞赛中的几何问题研究	2018—07	68.00	946
从分析解题过程学解题:竞赛中的向量几何与不等式研究(全2册)	2019—06	138.00	1090
从分析解题过程学解题:竞赛中的不等式问题	2021—01	48.00	1249
二维、三维欧氏几何的对偶原理	2018—12	38.00	990
星形大观及闭折线论	2019—03	68.00	1020
立体几何的问题和方法	2019—11	58.00	1127
三角代换论	2021—05	58.00	1313
俄罗斯平面几何问题集	2009—08	88.00	55
俄罗斯立体几何问题集	2014—03	58.00	283
俄罗斯几何大师——沙雷金论数学及其他	2014—01	48.00	271
来自俄罗斯的5000道几何习题及解答	2011—03	58.00	89
俄罗斯初等数学问题集	2012—05	38.00	177
俄罗斯函数问题集	2011—03	38.00	103
俄罗斯组合分析问题集	2011—01	48.00	79
俄罗斯初等数学万题选——三角卷	2012—11	38.00	222
俄罗斯初等数学万题选——代数卷	2013—08	68.00	225
俄罗斯初等数学万题选——几何卷	2014—01	68.00	226
俄罗斯《量子》杂志数学征解问题100题选	2018—08	48.00	969
俄罗斯《量子》杂志数学征解问题又100题选	2018—08	48.00	970
俄罗斯《量子》杂志数学征解问题	2020—05	48.00	1138
463个俄罗斯几何老问题	2012—01	28.00	152
《量子》数学短文精粹	2018—09	38.00	972
用三角、解析几何等计算解来自俄罗斯的几何题	2019—11	88.00	1119
基谢廖夫平面几何	2022—01	48.00	1461
基谢廖夫立体几何	2023—04	48.00	1599
数学:代数、数学分析和几何(10—11年级)	2021—01	48.00	1250
直观几何学:5—6年级	2022—04	58.00	1508
几何学:第2版.7—9年级	2023—08	68.00	1684
平面几何:9—11年级	2022—10	48.00	1571
立体几何.10—11年级	2022—01	58.00	1472
谈谈素数	2011—03	18.00	91
平方和	2011—03	18.00	92
整数论	2011—05	38.00	120
从整数谈起	2015—10	28.00	538
数与多项式	2016—01	38.00	558
谈谈不定方程	2011—05	28.00	119
质数漫谈	2022—07	68.00	1529
解析不等式新论	2009—06	68.00	48
建立不等式的方法	2011—03	98.00	104
数学奥林匹克不等式研究(第2版)	2020—07	68.00	1181
不等式研究(第三辑)	2023—08	198.00	1673
不等式的秘密(第一卷)(第2版)	2014—02	38.00	286
不等式的秘密(第二卷)	2014—01	38.00	268
初等不等式的证明方法	2010—06	38.00	123
初等不等式的证明方法(第二版)	2014—11	38.00	407
不等式·理论·方法(基础卷)	2015—07	38.00	496
不等式·理论·方法(经典不等式卷)	2015—07	38.00	497
不等式·理论·方法(特殊类型不等式卷)	2015—07	48.00	498
不等式探究	2016—03	38.00	582
不等式探秘	2017—01	88.00	689
四面体不等式	2017—01	68.00	715
数学奥林匹克中常见重要不等式	2017—09	38.00	845

刘培杰数学工作室
已出版(即将出版)图书目录——初等数学

书　名	出版时间	定　价	编号
三正弦不等式	2018－09	98.00	974
函数方程与不等式:解法与稳定性结果	2019－04	68.00	1058
数学不等式.第1卷,对称多项式不等式	2022－05	78.00	1455
数学不等式.第2卷,对称有理不等式与对称无理不等式	2022－05	88.00	1456
数学不等式.第3卷,循环不等式与非循环不等式	2022－05	88.00	1457
数学不等式.第4卷,Jensen不等式的扩展与加细	2022－05	88.00	1458
数学不等式.第5卷,创建不等式与解不等式的其他方法	2022－05	88.00	1459
不定方程及其应用.上	2018－12	58.00	992
不定方程及其应用.中	2019－01	78.00	993
不定方程及其应用.下	2019－02	98.00	994
Nesbitt不等式加强式的研究	2022－06	128.00	1527
最值定理与分析不等式	2023－02	78.00	1567
一类积分不等式	2023－02	88.00	1579
邦费罗尼不等式及概率应用	2023－05	58.00	1637
同余理论	2012－05	38.00	163
[x]与{x}	2015－04	48.00	476
极值与最值.上卷	2015－06	28.00	486
极值与最值.中卷	2015－06	38.00	487
极值与最值.下卷	2015－06	28.00	488
整数的性质	2012－11	38.00	192
完全平方数及其应用	2015－08	78.00	506
多项式理论	2015－10	88.00	541
奇数、偶数、奇偶分析法	2018－01	98.00	876
历届美国中学生数学竞赛试题及解答(第一卷)1950－1954	2014－07	18.00	277
历届美国中学生数学竞赛试题及解答(第二卷)1955－1959	2014－04	18.00	278
历届美国中学生数学竞赛试题及解答(第三卷)1960－1964	2014－06	18.00	279
历届美国中学生数学竞赛试题及解答(第四卷)1965－1969	2014－04	28.00	280
历届美国中学生数学竞赛试题及解答(第五卷)1970－1972	2014－06	18.00	281
历届美国中学生数学竞赛试题及解答(第六卷)1973－1980	2017－07	18.00	768
历届美国中学生数学竞赛试题及解答(第七卷)1981－1986	2015－01	18.00	424
历届美国中学生数学竞赛试题及解答(第八卷)1987－1990	2017－05	18.00	769
历届国际数学奥林匹克试题集	2023－09	158.00	1701
历届中国数学奥林匹克试题集(第3版)	2021－10	58.00	1440
历届加拿大数学奥林匹克试题集	2012－08	38.00	215
历届美国数学奥林匹克试题集	2023－08	98.00	1681
历届波兰数学竞赛试题集.第1卷,1949～1963	2015－03	18.00	453
历届波兰数学竞赛试题集.第2卷,1964～1976	2015－03	18.00	454
历届巴尔干数学奥林匹克试题集	2015－05	38.00	466
保加利亚数学奥林匹克	2014－10	38.00	393
圣彼得堡数学奥林匹克试题集	2015－01	38.00	429
匈牙利奥林匹克数学竞赛题解.第1卷	2016－05	28.00	593
匈牙利奥林匹克数学竞赛题解.第2卷	2016－05	28.00	594
历届美国数学邀请赛试题集(第2版)	2017－10	78.00	851
普林斯顿大学数学竞赛	2016－06	38.00	669
亚太地区数学奥林匹克竞赛题	2015－07	18.00	492
日本历届(初级)广中杯数学竞赛试题及解答.第1卷(2000～2007)	2016－05	28.00	641
日本历届(初级)广中杯数学竞赛试题及解答.第2卷(2008～2015)	2016－05	38.00	642
越南数学奥林匹克题选:1962－2009	2021－07	48.00	1370
360个数学竞赛问题	2016－08	58.00	677
奥数最佳实战题.上卷	2017－06	38.00	760
奥数最佳实战题.下卷	2017－05	58.00	761
哈尔滨市早期中学数学竞赛试题汇编	2016－07	28.00	672
全国高中数学联赛试题及解答:1981－2019(第4版)	2020－07	138.00	1176
2024年全国高中数学联合竞赛模拟题集	2024－01	38.00	1702

刘培杰数学工作室
已出版(即将出版)图书目录——初等数学

书　名	出版时间	定　价	编号
20 世纪 50 年代全国部分城市数学竞赛试题汇编	2017—07	28.00	797
国内外数学竞赛题及精解:2018~2019	2020—08	45.00	1192
国内外数学竞赛题及精解:2019~2020	2021—11	58.00	1439
许康华竞赛优学精选集.第一辑	2018—08	68.00	949
天问叶班数学问题征解 100 题. Ⅰ ,2016—2018	2019—05	88.00	1075
天问叶班数学问题征解 100 题. Ⅱ ,2017—2019	2020—07	98.00	1177
美国初中数学竞赛:AMC8 准备(共 6 卷)	2019—07	138.00	1089
美国高中数学竞赛:AMC10 准备(共 6 卷)	2019—08	158.00	1105
王连笑教你怎样学数学:高考选择题解题策略与客观题实用训练	2014—01	48.00	262
王连笑教你怎样学数学:高考数学高层次讲座	2015—02	48.00	432
高考数学的理论与实践	2009—08	38.00	53
高考数学核心题型解题方法与技巧	2010—01	28.00	86
高考思维新平台	2014—03	38.00	259
高考数学压轴题解题诀窍(上)(第 2 版)	2018—01	58.00	874
高考数学压轴题解题诀窍(下)(第 2 版)	2018—01	48.00	875
北京市五区文科数学三年高考模拟题详解:2013~2015	2015—08	48.00	500
北京市五区理科数学三年高考模拟题详解:2013~2015	2015—09	68.00	505
向量法巧解数学高考题	2009—08	28.00	54
高中数学课堂教学的实践与反思	2021—11	48.00	791
数学高考参考	2016—01	78.00	589
新课程标准高考数学解答题各种题型解法指导	2020—08	78.00	1196
全国及各省市高考数学试题审题要津与解法研究	2015—02	48.00	450
高中数学章节起始课的教学研究与案例设计	2019—05	28.00	1064
新课标高考数学——五年试题分章详解(2007~2011)(上、下)	2011—10	78.00	140,141
全国中考数学压轴题审题要津与解法研究	2013—04	78.00	248
新编全国及各省市中考数学压轴题审题要津与解法研究	2014—05	58.00	342
全国及各省市 5 年中考数学压轴题审题要津与解法研究(2015 版)	2015—04	58.00	462
中考数学专题总复习	2007—04	28.00	6
中考数学较难题常考题型解题方法与技巧	2016—09	48.00	681
中考数学难题常考题型解题方法与技巧	2016—09	48.00	682
中考数学中档题常考题型解题方法与技巧	2017—08	68.00	835
中考数学选择填空压轴好题妙解 365	2024—01	80.00	1698
中考数学:三类重点考题的解法例析与习题	2020—04	48.00	1140
中小学数学的历史文化	2019—11	48.00	1124
初中平面几何百题多思创新解	2020—01	58.00	1125
初中数学中考备考	2020—01	58.00	1126
高考数学之九章演义	2019—08	68.00	1044
高考数学之难题谈笑间	2022—06	68.00	1519
化学可以这样学:高中化学知识方法智慧感悟疑难辨析	2019—07	58.00	1103
如何成为学习高手	2019—09	58.00	1107
高考数学:经典真题分类解析	2020—04	78.00	1134
高考数学解答题破解策略	2020—11	58.00	1221
从分析解题过程学解题:高考压轴题与竞赛题之关系探究	2020—08	88.00	1179
教学新思考:单元整体视角下的初中数学教学设计	2021—03	58.00	1278
思维再拓展:2020 年经典几何题的多解探究与思考	即将出版		1279
中考数学小压轴汇编初讲	2017—07	48.00	788
中考数学大压轴专题微言	2017—09	48.00	846
怎么解中考平面几何探索题	2019—06	48.00	1093
北京中考数学压轴题解题方法突破(第 9 版)	2024—01	78.00	1645
助你高考成功的数学解题智慧:知识是智慧的基础	2016—01	58.00	596
助你高考成功的数学解题智慧:错误是智慧的试金石	2016—04	58.00	643
助你高考成功的数学解题智慧:方法是智慧的推手	2016—04	68.00	657
高考数学奇思妙解	2016—04	38.00	610
高考数学解题策略	2016—05	48.00	670
数学解题泄天机(第 2 版)	2017—10	48.00	850

刘培杰数学工作室
已出版(即将出版)图书目录——初等数学

书　名	出版时间	定　价	编号
高中物理教学讲义	2018-01	48.00	871
高中物理教学讲义.全模块	2022-03	98.00	1492
高中物理答疑解惑65篇	2021-11	48.00	1462
中学物理基础问题解析	2020-08	48.00	1183
初中数学、高中数学脱节知识补缺教材	2017-06	48.00	766
高考数学客观题解题方法和技巧	2017-10	38.00	847
十年高考数学精品试题审题要津与解法研究	2021-10	98.00	1427
中国历届高考数学试题及解答.1949-1979	2018-01	38.00	877
历届中国高考数学试题及解答.第二卷,1980—1989	2018-10	28.00	975
历届中国高考数学试题及解答.第三卷,1990—1999	2018-10	48.00	976
跟我学解高中数学题	2018-07	58.00	926
中学数学研究的方法及案例	2018-05	58.00	869
高考数学抢分技能	2018-07	68.00	934
高一新生常用数学方法和重要数学思想提升教材	2018-06	38.00	921
高考数学全国卷六道解答题常考题型解题诀窍.理科(全2册)	2019-07	78.00	1101
高考数学全国卷16道选择、填空题常考题型解题诀窍.理科	2018-09	88.00	971
高考数学全国卷16道选择、填空题常考题型解题诀窍.文科	2020-01	88.00	1123
高中数学一题多解	2019-06	58.00	1087
历届中国高考数学试题及解答:1917-1999	2021-08	98.00	1371
2000~2003年全国及各省市高考数学试题及解答	2022-05	88.00	1499
2004年全国及各省市高考数学试题及解答	2023-08	78.00	1500
2005年全国及各省市高考数学试题及解答	2023-08	78.00	1501
2006年全国及各省市高考数学试题及解答	2023-08	88.00	1502
2007年全国及各省市高考数学试题及解答	2023-08	98.00	1503
2008年全国及各省市高考数学试题及解答	2023-08	88.00	1504
2009年全国及各省市高考数学试题及解答	2023-08	88.00	1505
2010年全国及各省市高考数学试题及解答	2023-08	98.00	1506
2011~2017年全国及各省市高考数学试题及解答	2024-01	78.00	1507
2018~2023年全国及各省市高考数学试题及解答	2024-03	78.00	1709
突破高原:高中数学解题思维探究	2021-08	48.00	1375
高考数学中的"取值范围"	2021-10	48.00	1429
新课程标准高中数学各种题型解法大全.必修一分册	2021-06	58.00	1315
新课程标准高中数学各种题型解法大全.必修二分册	2022-01	68.00	1471
高中数学各种题型解法大全.选择性必修一分册	2022-06	68.00	1525
高中数学各种题型解法大全.选择性必修二分册	2023-01	58.00	1600
高中数学各种题型解法大全.选择性必修三分册	2023-04	48.00	1643
历届全国初中数学竞赛经典试题详解	2023-04	88.00	1624
孟祥礼高考数学精刷精解	2023-06	98.00	1663

新编640个世界著名数学智力趣题	2014-01	88.00	242
500个最新世界著名数学智力趣题	2008-06	48.00	3
400个最新世界著名数学最值问题	2008-09	48.00	36
500个世界著名数学征解问题	2009-06	48.00	52
400个中国最佳初等数学征解老问题	2010-01	48.00	60
500个俄罗斯数学经典老题	2011-01	28.00	81
1000个国外中学物理好题	2012-04	48.00	174
300个日本高考数学题	2012-05	38.00	142
700个早期日本高考数学试题	2017-02	88.00	752
500个前苏联早期高考数学试题及解答	2012-05	28.00	185
546个早期俄罗斯大学生数学竞赛题	2014-03	38.00	285
548个来自美苏的数学好问题	2014-11	28.00	396
20所苏联著名大学早期入学试题	2015-02	18.00	452
161道德国工科大学生必做的微分方程习题	2015-05	28.00	469
500个德国工科大学生必做的高数习题	2015-06	28.00	478
360个数学竞赛问题	2016-08	58.00	677
200个趣味数学故事	2018-02	48.00	857
470个数学奥林匹克中的最值问题	2018-10	88.00	985
德国讲义日本考题.微积分卷	2015-04	48.00	456
德国讲义日本考题.微分方程卷	2015-04	38.00	457
二十世纪中叶中、英、美、日、法、俄高考数学试题精选	2017-06	38.00	783

刘培杰数学工作室
已出版(即将出版)图书目录——初等数学

书 名	出版时间	定 价	编号
中国初等数学研究 2009 卷(第 1 辑)	2009—05	20.00	45
中国初等数学研究 2010 卷(第 2 辑)	2010—05	30.00	68
中国初等数学研究 2011 卷(第 3 辑)	2011—07	60.00	127
中国初等数学研究 2012 卷(第 4 辑)	2012—07	48.00	190
中国初等数学研究 2014 卷(第 5 辑)	2014—02	48.00	288
中国初等数学研究 2015 卷(第 6 辑)	2015—06	68.00	493
中国初等数学研究 2016 卷(第 7 辑)	2016—04	68.00	609
中国初等数学研究 2017 卷(第 8 辑)	2017—01	98.00	712
初等数学研究在中国.第 1 辑	2019—03	158.00	1024
初等数学研究在中国.第 2 辑	2019—10	158.00	1116
初等数学研究在中国.第 3 辑	2021—05	158.00	1306
初等数学研究在中国.第 4 辑	2022—06	158.00	1520
初等数学研究在中国.第 5 辑	2023—07	158.00	1635
几何变换(Ⅰ)	2014—07	28.00	353
几何变换(Ⅱ)	2015—06	28.00	354
几何变换(Ⅲ)	2015—01	38.00	355
几何变换(Ⅳ)	2015—12	38.00	356
初等数论难题集(第一卷)	2009—05	68.00	44
初等数论难题集(第二卷)(上、下)	2011—02	128.00	82,83
数论概貌	2011—03	18.00	93
代数数论(第二版)	2013—08	58.00	94
代数多项式	2014—06	38.00	289
初等数论的知识与问题	2011—02	28.00	95
超越数论基础	2011—03	28.00	96
数论初等教程	2011—03	28.00	97
数论基础	2011—03	18.00	98
数论基础与维诺格拉多夫	2014—03	18.00	292
解析数论基础	2012—08	28.00	216
解析数论基础(第二版)	2014—01	48.00	287
解析数论问题集(第二版)(原版引进)	2014—05	88.00	343
解析数论问题集(第二版)(中译本)	2016—04	88.00	607
解析数论基础(潘承洞,潘承彪著)	2016—07	98.00	673
解析数论导引	2016—07	58.00	674
数论入门	2011—03	38.00	99
代数数论入门	2015—03	38.00	448
数论开篇	2012—07	28.00	194
解析数论引论	2011—03	48.00	100
Barban Davenport Halberstam 均值和	2009—01	40.00	33
基础数论	2011—03	28.00	101
初等数论 100 例	2011—05	18.00	122
初等数论经典例题	2012—07	18.00	204
最新世界各国数学奥林匹克中的初等数论试题(上、下)	2012—01	138.00	144,145
初等数论(Ⅰ)	2012—01	18.00	156
初等数论(Ⅱ)	2012—01	18.00	157
初等数论(Ⅲ)	2012—01	28.00	158

刘培杰数学工作室
已出版(即将出版)图书目录——初等数学

书　　名	出版时间	定　价	编号
平面几何与数论中未解决的新老问题	2013－01	68.00	229
代数数论简史	2014－11	28.00	408
代数数论	2015－09	88.00	532
代数、数论及分析习题集	2016－11	98.00	695
数论导引提要及习题解答	2016－01	48.00	559
素数定理的初等证明.第2版	2016－09	48.00	686
数论中的模函数与狄利克雷级数(第二版)	2017－11	78.00	837
数论:数学导引	2018－01	68.00	849
范氏大代数	2019－02	98.00	1016
解析数学讲义.第一卷,导来式及微分、积分、级数	2019－04	88.00	1021
解析数学讲义.第二卷,关于几何的应用	2019－04	68.00	1022
解析数学讲义.第三卷,解析函数论	2019－04	78.00	1023
分析·组合·数论纵横谈	2019－04	58.00	1039
Hall代数:民国时期的中学数学课本:英文	2019－08	88.00	1106
基谢廖夫初等代数	2022－07	38.00	1531
数学精神巡礼	2019－01	58.00	731
数学眼光透视(第2版)	2017－06	78.00	732
数学思想领悟(第2版)	2018－01	68.00	733
数学方法溯源(第2版)	2018－08	68.00	734
数学解题引论	2017－05	58.00	735
数学史话览胜(第2版)	2017－01	48.00	736
数学应用展观(第2版)	2017－08	68.00	737
数学建模尝试	2018－04	48.00	738
数学竞赛采风	2018－01	68.00	739
数学测评探营	2019－05	58.00	740
数学技能操握	2018－03	48.00	741
数学欣赏拾趣	2018－02	48.00	742
从毕达哥拉斯到怀尔斯	2007－10	48.00	9
从迪利克雷到维斯卡尔迪	2008－01	48.00	21
从哥德巴赫到陈景润	2008－05	98.00	35
从庞加莱到佩雷尔曼	2011－08	138.00	136
博弈论精粹	2008－03	58.00	30
博弈论精粹.第二版(精装)	2015－01	88.00	461
数学 我爱你	2008－01	28.00	20
精神的圣徒　别样的人生——60位中国数学家成长的历程	2008－09	48.00	39
数学史概论	2009－06	78.00	50
数学史概论(精装)	2013－03	158.00	272
数学史选讲	2016－01	48.00	544
斐波那契数列	2010－02	28.00	65
数学拼盘和斐波那契魔方	2010－07	38.00	72
斐波那契数列欣赏(第2版)	2018－08	58.00	948
Fibonacci数列中的明珠	2018－06	58.00	928
数学的创造	2011－02	48.00	85
数学美与创造力	2016－01	48.00	595
数海拾贝	2016－01	48.00	590
数学中的美(第2版)	2019－04	68.00	1057
数论中的美学	2014－12	38.00	351

刘培杰数学工作室
已出版(即将出版)图书目录——初等数学

书　名	出版时间	定　价	编号
数学王者　科学巨人——高斯	2015—01	28.00	428
振兴祖国数学的圆梦之旅:中国初等数学研究史话	2015—06	98.00	490
二十世纪中国数学史料研究	2015—10	48.00	536
数字谜、数阵图与棋盘覆盖	2016—01	58.00	298
数学概念的进化:一个初步的研究	2023—07	68.00	1683
数学发现的艺术:数学探索中的合情推理	2016—07	58.00	671
活跃在数学中的参数	2016—07	48.00	675
数海趣史	2021—05	98.00	1314
玩转幻中之幻	2023—08	88.00	1682
数学艺术品	2023—09	98.00	1685
数学博弈与游戏	2023—10	68.00	1692
数学解题——靠数学思想给力(上)	2011—07	38.00	131
数学解题——靠数学思想给力(中)	2011—07	48.00	132
数学解题——靠数学思想给力(下)	2011—07	38.00	133
我怎样解题	2013—01	48.00	227
数学解题中的物理方法	2011—06	28.00	114
数学解题的特殊方法	2011—06	48.00	115
中学数学计算技巧(第2版)	2020—10	48.00	1220
中学数学证明方法	2012—01	58.00	117
数学趣题巧解	2012—03	28.00	128
高中数学教学通鉴	2015—05	58.00	479
和高中生漫谈:数学与哲学的故事	2014—08	28.00	369
算术问题集	2017—03	38.00	789
张教授讲数学	2018—07	38.00	933
陈永明实话实说数学教学	2020—04	68.00	1132
中学数学学科知识与教学能力	2020—06	58.00	1155
怎样把课讲好:大罕数学教学随笔	2022—03	58.00	1484
中国高考评价体系下高考数学探秘	2022—03	48.00	1487
数苑漫步	2024—01	58.00	1670
自主招生考试中的参数方程问题	2015—01	28.00	435
自主招生考试中的极坐标问题	2015—04	28.00	463
近年全国重点大学自主招生数学试题全解及研究.华约卷	2015—02	38.00	441
近年全国重点大学自主招生数学试题全解及研究.北约卷	2016—05	38.00	619
自主招生数学解证宝典	2015—09	48.00	535
中国科学技术大学创新班数学真题解析	2022—03	48.00	1488
中国科学技术大学创新班物理真题解析	2022—03	58.00	1489
格点和面积	2012—07	18.00	191
射影几何趣谈	2012—04	28.00	175
斯潘纳尔引理——从一道加拿大数学奥林匹克试题谈起	2014—01	28.00	228
李普希兹条件——从几道近年高考数学试题谈起	2012—10	18.00	221
拉格朗日中值定理——从一道北京高考试题的解法谈起	2015—10	18.00	197
闵科夫斯基定理——从一道清华大学自主招生试题谈起	2014—01	28.00	198
哈尔测度——从一道冬令营试题的背景谈起	2012—08	28.00	202
切比雪夫逼近问题——从一道中国台北数学奥林匹克试题谈起	2013—04	38.00	238
伯恩斯坦多项式与贝齐尔曲面——从一道全国高中数学联赛试题谈起	2013—03	38.00	236
卡塔兰猜想——从一道普特南竞赛试题谈起	2013—06	18.00	256
麦卡锡函数和阿克曼函数——从一道前南斯拉夫数学奥林匹克试题谈起	2012—08	18.00	201
贝蒂定理与拉姆贝克莫斯尔定理——从一个拣石子游戏谈起	2012—08	18.00	217
皮亚诺曲线和豪斯道夫分球定理——从无限集谈起	2012—08	18.00	211
平面凸图形与凸多面体	2012—10	28.00	218
斯坦因豪斯问题——从一道二十五省市自治区中学数学竞赛试题谈起	2012—07	18.00	196

刘培杰数学工作室
已出版(即将出版)图书目录——初等数学

书　名	出版时间	定　价	编号
纽结理论中的亚历山大多项式与琼斯多项式——从一道北京市高一数学竞赛试题谈起	2012—07	28.00	195
原则与策略——从波利亚"解题表"谈起	2013—04	38.00	244
转化与化归——从三大尺规作图不能问题谈起	2012—08	28.00	214
代数几何中的贝祖定理(第一版)——从一道 IMO 试题的解法谈起	2013—08	18.00	193
成功连贯理论与约当块理论——从一道比利时数学竞赛试题谈起	2012—04	18.00	180
素数判定与大数分解	2014—08	18.00	199
置换多项式及其应用	2012—10	18.00	220
椭圆函数与模函数——从一道美国加州大学洛杉矶分校(UCLA)博士资格考题谈起	2012—10	28.00	219
差分方程的拉格朗日方法——从一道 2011 年全国高考理科试题的解法谈起	2012—08	28.00	200
力学在几何中的一些应用	2013—01	38.00	240
从根式解到伽罗华理论	2020—01	48.00	1121
康托洛维奇不等式——从一道全国高中联赛试题谈起	2013—03	28.00	337
西格尔引理——从一道第 18 届 IMO 试题的解法谈起	即将出版		
罗斯定理——从一道前苏联数学竞赛试题谈起	即将出版		
拉克斯定理和阿廷定理——从一道 IMO 试题的解法谈起	2014—01	58.00	246
毕卡大定理——从一道美国大学数学竞赛试题谈起	2014—07	18.00	350
贝尔斯曲线——从一道全国高中联赛试题谈起	即将出版		
拉格朗日乘子定理——从一道 2005 年全国高中联赛试题的高等数学解法谈起	2015—05	28.00	480
雅可比定理——从一道日本数学奥林匹克试题谈起	2013—04	48.00	249
李天岩—约克定理——从一道波兰数学竞赛试题谈起	2014—06	28.00	349
受控理论与初等不等式:从一道 IMO 试题的解法谈起	2023—03	48.00	1601
布劳维不动点定理——从一道前苏联数学奥林匹克试题谈起	2014—01	38.00	273
伯恩赛德定理——从一道英国数学奥林匹克试题谈起	即将出版		
布查特—莫斯特定理——从一道上海市初中竞赛试题谈起	即将出版		
数论中的同余数问题——从一道普特南竞赛试题谈起	即将出版		
范·德蒙行列式——从一道美国数学奥林匹克试题谈起	即将出版		
中国剩余定理:总数法构建中国历史年表	2015—01	28.00	430
牛顿程序与方程求根——从一道全国高考试题解法谈起	即将出版		
库默尔定理——从一道 IMO 预选试题谈起	即将出版		
卢丁定理——从一道冬令营试题的解法谈起	即将出版		
沃斯滕霍姆定理——从一道 IMO 预选试题谈起	即将出版		
卡尔松不等式——从一道莫斯科数学奥林匹克试题谈起	即将出版		
信息论中的香农熵——从一道近年高考压轴题谈起	即将出版		
约当不等式——从一道希望杯竞赛试题谈起	即将出版		
拉比诺维奇定理	即将出版		
刘维尔定理——从一道《美国数学月刊》征解问题的解法谈起	即将出版		
卡塔兰恒等式与级数求和——从一道 IMO 试题的解法谈起	即将出版		
勒让德猜想与素数分布——从一道爱尔兰竞赛试题谈起	即将出版		
天平称重与信息论——从一道基辅市数学奥林匹克试题谈起	即将出版		
哈密尔顿—凯莱定理:从一道高中数学联赛试题的解法谈起	2014—09	18.00	376
艾思特曼定理——从一道 CMO 试题的解法谈起	即将出版		

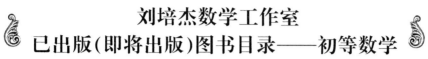

刘培杰数学工作室
已出版（即将出版）图书目录——初等数学

书　名	出版时间	定　价	编号
阿贝尔恒等式与经典不等式及应用	2018－06	98.00	923
迪利克雷除数问题	2018－07	48.00	930
幻方、幻立方与拉丁方	2019－08	48.00	1092
帕斯卡三角形	2014－03	18.00	294
蒲丰投针问题——从2009年清华大学的一道自主招生试题谈起	2014－01	38.00	295
斯图姆定理——从一道"华约"自主招生试题的解法谈起	2014－01	18.00	296
许瓦兹引理——从一道加利福尼亚大学伯克利分校数学系博士生试题谈起	2014－08	18.00	297
拉姆塞定理——从王诗宬院士的一个问题谈起	2016－04	48.00	299
坐标法	2013－12	28.00	332
数论三角形	2014－04	38.00	341
毕克定理	2014－07	18.00	352
数林掠影	2014－09	48.00	389
我们周围的概率	2014－10	38.00	390
凸函数最值定理：从一道华约自主招生题的解法谈起	2014－10	28.00	391
易学与数学奥林匹克	2014－10	38.00	392
生物数学趣谈	2015－01	18.00	409
反演	2015－01	28.00	420
因式分解与圆锥曲线	2015－01	18.00	426
轨迹	2015－01	28.00	427
面积原理：从常庚哲命的一道CMO试题的积分解法谈起	2015－01	48.00	431
形形色色的不动点定理：从一道28届IMO试题谈起	2015－01	38.00	439
柯西函数方程：从一道上海交大自主招生的试题谈起	2015－02	28.00	440
三角恒等式	2015－02	28.00	442
无理性判定：从一道2014年"北约"自主招生试题谈起	2015－01	38.00	443
数学归纳法	2015－03	18.00	451
极端原理与解题	2015－04	28.00	464
法雷级数	2014－08	18.00	367
摆线族	2015－01	38.00	438
函数方程及其解法	2015－05	38.00	470
含参数的方程和不等式	2012－09	28.00	213
希尔伯特第十问题	2016－01	38.00	543
无穷小量的求和	2016－01	28.00	545
切比雪夫多项式：从一道清华大学金秋营试题谈起	2016－01	38.00	583
泽肯多夫定理	2016－03	38.00	599
代数等式证题法	2016－01	28.00	600
三角等式证题法	2016－01	28.00	601
吴大任教授藏书中的一个因式分解公式：从一道美国数学邀请赛试题的解法谈起	2016－06	28.00	656
易卦——类万物的数学模型	2017－08	68.00	838
"不可思议"的数与数系可持续发展	2018－01	38.00	878
最短线	2018－01	38.00	879
数学在天文、地理、光学、机械力学中的一些应用	2023－03	88.00	1576
从阿基米德三角形谈起	2023－01	28.00	1578
幻方和魔方（第一卷）	2012－05	68.00	173
尘封的经典——初等数学经典文献选读（第一卷）	2012－07	48.00	205
尘封的经典——初等数学经典文献选读（第二卷）	2012－07	38.00	206
初级方程式论	2011－03	28.00	106
初等数学研究（Ⅰ）	2008－09	68.00	37
初等数学研究（Ⅱ）（上、下）	2009－05	118.00	46,47
初等数学专题研究	2022－10	68.00	1568

书　名	出版时间	定　价	编号
趣味初等方程妙题集锦	2014－09	48.00	388
趣味初等数论选美与欣赏	2015－02	48.00	445
耕读笔记(上卷):一位农民数学爱好者的初数探索	2015－04	28.00	459
耕读笔记(中卷):一位农民数学爱好者的初数探索	2015－05	28.00	483
耕读笔记(下卷):一位农民数学爱好者的初数探索	2015－05	28.00	484
几何不等式研究与欣赏.上卷	2016－01	88.00	547
几何不等式研究与欣赏.下卷	2016－01	48.00	552
初等数列研究与欣赏·上	2016－01	48.00	570
初等数列研究与欣赏·下	2016－01	48.00	571
趣味初等函数研究与欣赏.上	2016－09	48.00	684
趣味初等函数研究与欣赏.下	2018－09	48.00	685
三角不等式研究与欣赏	2020－10	68.00	1197
新编平面解析几何解题方法研究与欣赏	2021－10	78.00	1426
火柴游戏(第2版)	2022－05	38.00	1493
智力解谜.第1卷	2017－07	38.00	613
智力解谜.第2卷	2017－07	38.00	614
故事智力	2016－07	48.00	615
名人们喜欢的智力问题	2020－01	48.00	616
数学大师的发现、创造与失误	2018－01	48.00	617
异曲同工	2018－09	48.00	618
数学的味道(第2版)	2023－10	68.00	1686
数学千字文	2018－10	68.00	977
数贝偶拾——高考数学题研究	2014－04	28.00	274
数贝偶拾——初等数学研究	2014－04	38.00	275
数贝偶拾——奥数题研究	2014－04	48.00	276
钱昌本教你快乐学数学(上)	2011－12	48.00	155
钱昌本教你快乐学数学(下)	2012－03	58.00	171
集合、函数与方程	2014－01	28.00	300
数列与不等式	2014－01	38.00	301
三角与平面向量	2014－01	28.00	302
平面解析几何	2014－01	38.00	303
立体几何与组合	2014－01	28.00	304
极限与导数、数学归纳法	2014－01	38.00	305
趣味数学	2014－03	28.00	306
教材教法	2014－04	68.00	307
自主招生	2014－05	58.00	308
高考压轴题(上)	2015－01	48.00	309
高考压轴题(下)	2014－10	68.00	310
从费马到怀尔斯——费马大定理的历史	2013－10	198.00	I
从庞加莱到佩雷尔曼——庞加莱猜想的历史	2013－10	298.00	II
从切比雪夫到爱尔特希(上)——素数定理的初等证明	2013－07	48.00	III
从切比雪夫到爱尔特希(下)——素数定理100年	2012－12	98.00	III
从高斯到盖尔方特——二次域的高斯猜想	2013－10	198.00	IV
从库默尔到朗兰兹——朗兰兹猜想的历史	2014－01	98.00	V
从比勃巴赫到德布朗斯——比勃巴赫猜想的历史	2014－02	298.00	VI
从麦比乌斯到陈省身——麦比乌斯变换与麦比乌斯带	2014－02	298.00	VII
从布尔到豪斯道夫——布尔方程与格论漫谈	2013－10	198.00	VIII
从开普勒到阿诺德——三体问题的历史	2014－05	298.00	IX
从华林到华罗庚——华林问题的历史	2013－10	298.00	X

刘培杰数学工作室
已出版(即将出版)图书目录——初等数学

书 名	出版时间	定 价	编号
美国高中数学竞赛五十讲.第1卷(英文)	2014—08	28.00	357
美国高中数学竞赛五十讲.第2卷(英文)	2014—08	28.00	358
美国高中数学竞赛五十讲.第3卷(英文)	2014—09	28.00	359
美国高中数学竞赛五十讲.第4卷(英文)	2014—09	28.00	360
美国高中数学竞赛五十讲.第5卷(英文)	2014—10	28.00	361
美国高中数学竞赛五十讲.第6卷(英文)	2014—11	28.00	362
美国高中数学竞赛五十讲.第7卷(英文)	2014—12	28.00	363
美国高中数学竞赛五十讲.第8卷(英文)	2015—01	28.00	364
美国高中数学竞赛五十讲.第9卷(英文)	2015—01	28.00	365
美国高中数学竞赛五十讲.第10卷(英文)	2015—02	38.00	366
三角函数(第2版)	2017—04	38.00	626
不等式	2014—01	38.00	312
数列	2014—01	38.00	313
方程(第2版)	2017—04	38.00	624
排列和组合	2014—01	28.00	315
极限与导数(第2版)	2016—04	38.00	635
向量(第2版)	2018—08	58.00	627
复数及其应用	2014—08	28.00	318
函数	2014—01	38.00	319
集合	2020—01	48.00	320
直线与平面	2014—01	28.00	321
立体几何(第2版)	2016—04	38.00	629
解三角形	即将出版		323
直线与圆(第2版)	2016—11	38.00	631
圆锥曲线(第2版)	2016—09	48.00	632
解题通法(一)	2014—07	38.00	326
解题通法(二)	2014—07	38.00	327
解题通法(三)	2014—05	38.00	328
概率与统计	2014—01	28.00	329
信息迁移与算法	即将出版		330
IMO 50年.第1卷(1959—1963)	2014—11	28.00	377
IMO 50年.第2卷(1964—1968)	2014—11	28.00	378
IMO 50年.第3卷(1969—1973)	2014—09	28.00	379
IMO 50年.第4卷(1974—1978)	2016—04	38.00	380
IMO 50年.第5卷(1979—1984)	2015—04	38.00	381
IMO 50年.第6卷(1985—1989)	2015—04	58.00	382
IMO 50年.第7卷(1990—1994)	2016—01	48.00	383
IMO 50年.第8卷(1995—1999)	2016—06	38.00	384
IMO 50年.第9卷(2000—2004)	2015—04	58.00	385
IMO 50年.第10卷(2005—2009)	2016—01	48.00	386
IMO 50年.第11卷(2010—2015)	2017—03	48.00	646

刘培杰数学工作室
已出版(即将出版)图书目录——初等数学

书　名	出版时间	定　价	编号
数学反思(2006—2007)	2020—09	88.00	915
数学反思(2008—2009)	2019—01	68.00	917
数学反思(2010—2011)	2018—05	58.00	916
数学反思(2012—2013)	2019—01	58.00	918
数学反思(2014—2015)	2019—03	78.00	919
数学反思(2016—2017)	2021—03	58.00	1286
数学反思(2018—2019)	2023—01	88.00	1593
历届美国大学生数学竞赛试题集.第一卷(1938—1949)	2015—01	28.00	397
历届美国大学生数学竞赛试题集.第二卷(1950—1959)	2015—01	28.00	398
历届美国大学生数学竞赛试题集.第三卷(1960—1969)	2015—01	28.00	399
历届美国大学生数学竞赛试题集.第四卷(1970—1979)	2015—01	18.00	400
历届美国大学生数学竞赛试题集.第五卷(1980—1989)	2015—01	28.00	401
历届美国大学生数学竞赛试题集.第六卷(1990—1999)	2015—01	28.00	402
历届美国大学生数学竞赛试题集.第七卷(2000—2009)	2015—08	18.00	403
历届美国大学生数学竞赛试题集.第八卷(2010—2012)	2015—01	18.00	404
新课标高考数学创新题解题诀窍:总论	2014—09	28.00	372
新课标高考数学创新题解题诀窍:必修1～5分册	2014—08	38.00	373
新课标高考数学创新题解题诀窍:选修2—1,2—2,1—1,1—2分册	2014—09	38.00	374
新课标高考数学创新题解题诀窍:选修2—3,4—4,4—5分册	2014—09	18.00	375
全国重点大学自主招生英文数学试题全攻略:词汇卷	2015—07	48.00	410
全国重点大学自主招生英文数学试题全攻略:概念卷	2015—01	28.00	411
全国重点大学自主招生英文数学试题全攻略:文章选读卷(上)	2016—09	38.00	412
全国重点大学自主招生英文数学试题全攻略:文章选读卷(下)	2017—01	58.00	413
全国重点大学自主招生英文数学试题全攻略:试题卷	2015—07	38.00	414
全国重点大学自主招生英文数学试题全攻略:名著欣赏卷	2017—03	48.00	415
劳埃德数学趣题大全.题目卷.1:英文	2016—01	18.00	516
劳埃德数学趣题大全.题目卷.2:英文	2016—01	18.00	517
劳埃德数学趣题大全.题目卷.3:英文	2016—01	18.00	518
劳埃德数学趣题大全.题目卷.4:英文	2016—01	18.00	519
劳埃德数学趣题大全.题目卷.5:英文	2016—01	18.00	520
劳埃德数学趣题大全.答案卷:英文	2016—01	18.00	521
李成章教练奥数笔记.第1卷	2016—01	48.00	522
李成章教练奥数笔记.第2卷	2016—01	48.00	523
李成章教练奥数笔记.第3卷	2016—01	38.00	524
李成章教练奥数笔记.第4卷	2016—01	38.00	525
李成章教练奥数笔记.第5卷	2016—01	38.00	526
李成章教练奥数笔记.第6卷	2016—01	38.00	527
李成章教练奥数笔记.第7卷	2016—01	38.00	528
李成章教练奥数笔记.第8卷	2016—01	48.00	529
李成章教练奥数笔记.第9卷	2016—01	28.00	530

刘培杰数学工作室
已出版(即将出版)图书目录——初等数学

书 名	出版时间	定 价	编号
第19~23届"希望杯"全国数学邀请赛试题审题要津详细评注(初一版)	2014—03	28.00	333
第19~23届"希望杯"全国数学邀请赛试题审题要津详细评注(初二、初三版)	2014—03	38.00	334
第19~23届"希望杯"全国数学邀请赛试题审题要津详细评注(高一版)	2014—03	28.00	335
第19~23届"希望杯"全国数学邀请赛试题审题要津详细评注(高二版)	2014—03	38.00	336
第19~25届"希望杯"全国数学邀请赛试题审题要津详细评注(初一版)	2015—01	38.00	416
第19~25届"希望杯"全国数学邀请赛试题审题要津详细评注(初二、初三版)	2015—01	58.00	417
第19~25届"希望杯"全国数学邀请赛试题审题要津详细评注(高一版)	2015—01	48.00	418
第19~25届"希望杯"全国数学邀请赛试题审题要津详细评注(高二版)	2015—01	48.00	419
物理奥林匹克竞赛大题典——力学卷	2014—11	48.00	405
物理奥林匹克竞赛大题典——热学卷	2014—04	28.00	339
物理奥林匹克竞赛大题典——电磁学卷	2015—07	48.00	406
物理奥林匹克竞赛大题典——光学与近代物理卷	2014—06	28.00	345
历届中国东南地区数学奥林匹克试题集(2004~2012)	2014—06	18.00	346
历届中国西部地区数学奥林匹克试题集(2001~2012)	2014—07	18.00	347
历届中国女子数学奥林匹克试题集(2002~2012)	2014—08	18.00	348
数学奥林匹克在中国	2014—06	98.00	344
数学奥林匹克问题集	2014—01	38.00	267
数学奥林匹克不等式散论	2010—06	38.00	124
数学奥林匹克不等式欣赏	2011—09	38.00	138
数学奥林匹克超级题库(初中卷上)	2010—01	58.00	66
数学奥林匹克不等式证明方法和技巧(上、下)	2011—08	158.00	134,135
他们学什么:原民主德国中学数学课本	2016—09	38.00	658
他们学什么:英国中学数学课本	2016—09	38.00	659
他们学什么:法国中学数学课本.1	2016—09	38.00	660
他们学什么:法国中学数学课本.2	2016—09	28.00	661
他们学什么:法国中学数学课本.3	2016—09	38.00	662
他们学什么:苏联中学数学课本	2016—09	28.00	679
高中数学题典——集合与简易逻辑·函数	2016—07	48.00	647
高中数学题典——导数	2016—07	48.00	648
高中数学题典——三角函数·平面向量	2016—07	48.00	649
高中数学题典——数列	2016—07	58.00	650
高中数学题典——不等式·推理与证明	2016—07	38.00	651
高中数学题典——立体几何	2016—07	48.00	652
高中数学题典——平面解析几何	2016—07	78.00	653
高中数学题典——计数原理·统计·概率·复数	2016—07	48.00	654
高中数学题典——算法·平面几何·初等数论·组合数学·其他	2016—07	68.00	655

刘培杰数学工作室
已出版(即将出版)图书目录——初等数学

书　名	出版时间	定　价	编号
台湾地区奥林匹克数学竞赛试题.小学一年级	2017—03	38.00	722
台湾地区奥林匹克数学竞赛试题.小学二年级	2017—03	38.00	723
台湾地区奥林匹克数学竞赛试题.小学三年级	2017—03	38.00	724
台湾地区奥林匹克数学竞赛试题.小学四年级	2017—03	38.00	725
台湾地区奥林匹克数学竞赛试题.小学五年级	2017—03	38.00	726
台湾地区奥林匹克数学竞赛试题.小学六年级	2017—03	38.00	727
台湾地区奥林匹克数学竞赛试题.初中一年级	2017—03	38.00	728
台湾地区奥林匹克数学竞赛试题.初中二年级	2017—03	38.00	729
台湾地区奥林匹克数学竞赛试题.初中三年级	2017—03	28.00	730
不等式证题法	2017—04	28.00	747
平面几何培优教程	2019—08	88.00	748
奥数鼎级培优教程.高一分册	2018—09	88.00	749
奥数鼎级培优教程.高二分册.上	2018—04	68.00	750
奥数鼎级培优教程.高二分册.下	2018—04	68.00	751
高中数学竞赛冲刺宝典	2019—04	68.00	883
初中尖子生数学超级题典.实数	2017—07	58.00	792
初中尖子生数学超级题典.式、方程与不等式	2017—08	58.00	793
初中尖子生数学超级题典.圆、面积	2017—08	38.00	794
初中尖子生数学超级题典.函数、逻辑推理	2017—08	48.00	795
初中尖子生数学超级题典.角、线段、三角形与多边形	2017—07	58.00	796
数学王子——高斯	2018—01	48.00	858
坎坷奇星——阿贝尔	2018—01	48.00	859
闪烁奇星——伽罗瓦	2018—01	58.00	860
无穷统帅——康托尔	2018—01	48.00	861
科学公主——柯瓦列夫斯卡娅	2018—01	48.00	862
抽象代数之母——埃米·诺特	2018—01	48.00	863
电脑先驱——图灵	2018—01	58.00	864
昔日神童——维纳	2018—01	48.00	865
数坛怪侠——爱尔特希	2018—01	68.00	866
传奇数学家徐利治	2019—09	88.00	1110
当代世界中的数学.数学思想与数学基础	2019—01	38.00	892
当代世界中的数学.数学问题	2019—01	38.00	893
当代世界中的数学.应用数学与数学应用	2019—01	38.00	894
当代世界中的数学.数学王国的新疆域(一)	2019—01	38.00	895
当代世界中的数学.数学王国的新疆域(二)	2019—01	38.00	896
当代世界中的数学.数林撷英(一)	2019—01	38.00	897
当代世界中的数学.数林撷英(二)	2019—01	48.00	898
当代世界中的数学.数学之路	2019—01	38.00	899

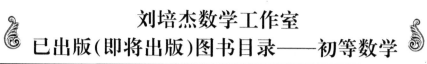

书　　名	出版时间	定　价	编号
105 个代数问题:来自 AwesomeMath 夏季课程	2019－02	58.00	956
106 个几何问题:来自 AwesomeMath 夏季课程	2020－07	58.00	957
107 个几何问题:来自 AwesomeMath 全年课程	2020－07	58.00	958
108 个代数问题:来自 AwesomeMath 全年课程	2019－01	68.00	959
109 个不等式:来自 AwesomeMath 夏季课程	2019－04	58.00	960
110 个几何问题:选自各国数学奥林匹克竞赛	2024－04	58.00	961
111 个代数和数论问题	2019－05	58.00	962
112 个组合问题:来自 AwesomeMath 夏季课程	2019－05	58.00	963
113 个几何不等式:来自 AwesomeMath 夏季课程	2020－08	58.00	964
114 个指数和对数问题:来自 AwesomeMath 夏季课程	2019－09	48.00	965
115 个三角问题:来自 AwesomeMath 夏季课程	2019－09	58.00	966
116 个代数不等式:来自 AwesomeMath 全年课程	2019－04	58.00	967
117 个多项式问题:来自 AwesomeMath 夏季课程	2021－09	58.00	1409
118 个数学竞赛不等式	2022－08	78.00	1526
紫色彗星国际数学竞赛试题	2019－02	58.00	999
数学竞赛中的数学:为数学爱好者、父母、教师和教练准备的丰富资源.第一部	2020－04	58.00	1141
数学竞赛中的数学:为数学爱好者、父母、教师和教练准备的丰富资源.第二部	2020－07	48.00	1142
和与积	2020－10	38.00	1219
数论:概念和问题	2020－12	68.00	1257
初等数学问题研究	2021－03	48.00	1270
数学奥林匹克中的欧几里得几何	2021－10	68.00	1413
数学奥林匹克题解新编	2022－01	58.00	1430
图论入门	2022－09	58.00	1554
新的、更新的、最新的不等式	2023－07	58.00	1650
数学竞赛中奇妙的多项式	2024－01	78.00	1646
120 个奇妙的代数问题及 20 个奖励问题	2024－04	48.00	1647
澳大利亚中学数学竞赛试题及解答(初级卷)1978～1984	2019－02	28.00	1002
澳大利亚中学数学竞赛试题及解答(初级卷)1985～1991	2019－02	28.00	1003
澳大利亚中学数学竞赛试题及解答(初级卷)1992～1998	2019－02	28.00	1004
澳大利亚中学数学竞赛试题及解答(初级卷)1999～2005	2019－02	28.00	1005
澳大利亚中学数学竞赛试题及解答(中级卷)1978～1984	2019－03	28.00	1006
澳大利亚中学数学竞赛试题及解答(中级卷)1985～1991	2019－03	28.00	1007
澳大利亚中学数学竞赛试题及解答(中级卷)1992～1998	2019－03	28.00	1008
澳大利亚中学数学竞赛试题及解答(中级卷)1999～2005	2019－03	28.00	1009
澳大利亚中学数学竞赛试题及解答(高级卷)1978～1984	2019－05	28.00	1010
澳大利亚中学数学竞赛试题及解答(高级卷)1985～1991	2019－05	28.00	1011
澳大利亚中学数学竞赛试题及解答(高级卷)1992～1998	2019－05	28.00	1012
澳大利亚中学数学竞赛试题及解答(高级卷)1999～2005	2019－05	28.00	1013
天才中小学生智力测验题.第一卷	2019－03	38.00	1026
天才中小学生智力测验题.第二卷	2019－03	38.00	1027
天才中小学生智力测验题.第三卷	2019－03	38.00	1028
天才中小学生智力测验题.第四卷	2019－03	38.00	1029
天才中小学生智力测验题.第五卷	2019－03	38.00	1030
天才中小学生智力测验题.第六卷	2019－03	38.00	1031
天才中小学生智力测验题.第七卷	2019－03	38.00	1032
天才中小学生智力测验题.第八卷	2019－03	38.00	1033
天才中小学生智力测验题.第九卷	2019－03	38.00	1034
天才中小学生智力测验题.第十卷	2019－03	38.00	1035
天才中小学生智力测验题.第十一卷	2019－03	38.00	1036
天才中小学生智力测验题.第十二卷	2019－03	38.00	1037
天才中小学生智力测验题.第十三卷	2019－03	38.00	1038

刘培杰数学工作室
已出版(即将出版)图书目录——初等数学

书　　名	出版时间	定　价	编号
重点大学自主招生数学备考全书:函数	2020—05	48.00	1047
重点大学自主招生数学备考全书:导数	2020—08	48.00	1048
重点大学自主招生数学备考全书:数列与不等式	2019—10	78.00	1049
重点大学自主招生数学备考全书:三角函数与平面向量	2020—08	68.00	1050
重点大学自主招生数学备考全书:平面解析几何	2020—07	58.00	1051
重点大学自主招生数学备考全书:立体几何与平面几何	2019—08	48.00	1052
重点大学自主招生数学备考全书:排列组合·概率统计·复数	2019—09	48.00	1053
重点大学自主招生数学备考全书:初等数论与组合数学	2019—08	48.00	1054
重点大学自主招生数学备考全书:重点大学自主招生真题.上	2019—04	68.00	1055
重点大学自主招生数学备考全书:重点大学自主招生真题.下	2019—04	58.00	1056
高中数学竞赛培训教程:平面几何问题的求解方法与策略.上	2018—05	68.00	906
高中数学竞赛培训教程:平面几何问题的求解方法与策略.下	2018—06	78.00	907
高中数学竞赛培训教程:整除与同余以及不定方程	2018—01	88.00	908
高中数学竞赛培训教程:组合计数与组合极值	2018—04	48.00	909
高中数学竞赛培训教程:初等代数	2019—04	78.00	1042
高中数学讲座:数学竞赛基础教程(第一册)	2019—06	48.00	1094
高中数学讲座:数学竞赛基础教程(第二册)	即将出版		1095
高中数学讲座:数学竞赛基础教程(第三册)	即将出版		1096
高中数学讲座:数学竞赛基础教程(第四册)	即将出版		1097
新编中学数学解题方法1000招丛书.实数(初中版)	2022—05	58.00	1291
新编中学数学解题方法1000招丛书.式(初中版)	2022—05	48.00	1292
新编中学数学解题方法1000招丛书.方程与不等式(初中版)	2021—04	58.00	1293
新编中学数学解题方法1000招丛书.函数(初中版)	2022—05	38.00	1294
新编中学数学解题方法1000招丛书.角(初中版)	2022—05	48.00	1295
新编中学数学解题方法1000招丛书.线段(初中版)	2022—05	48.00	1296
新编中学数学解题方法1000招丛书.三角形与多边形(初中版)	2021—04	48.00	1297
新编中学数学解题方法1000招丛书.圆(初中版)	2022—05	48.00	1298
新编中学数学解题方法1000招丛书.面积(初中版)	2021—07	28.00	1299
新编中学数学解题方法1000招丛书.逻辑推理(初中版)	2022—06	48.00	1300
高中数学题典精编.第一辑.函数	2022—01	58.00	1444
高中数学题典精编.第一辑.导数	2022—01	68.00	1445
高中数学题典精编.第一辑.三角函数·平面向量	2022—01	68.00	1446
高中数学题典精编.第一辑.数列	2022—01	58.00	1447
高中数学题典精编.第一辑.不等式·推理与证明	2022—01	58.00	1448
高中数学题典精编.第一辑.立体几何	2022—01	58.00	1449
高中数学题典精编.第一辑.平面解析几何	2022—01	68.00	1450
高中数学题典精编.第一辑.统计·概率·平面几何	2022—01	58.00	1451
高中数学题典精编.第一辑.初等数论·组合数学·数学文化·解题方法	2022—01	58.00	1452
历届全国初中数学竞赛试题分类解析.初等代数	2022—09	98.00	1555
历届全国初中数学竞赛试题分类解析.初等数论	2022—09	48.00	1556
历届全国初中数学竞赛试题分类解析.平面几何	2022—09	38.00	1557
历届全国初中数学竞赛试题分类解析.组合	2022—09	38.00	1558

刘培杰数学工作室
已出版（即将出版）图书目录——初等数学

书　　名	出版时间	定　价	编号
从三道高三数学模拟题的背景谈起:兼谈傅里叶三角级数	2023—03	48.00	1651
从一道日本东京大学的入学试题谈起:兼谈 π 的方方面面	即将出版		1652
从两道 2021 年福建高三数学测试题谈起:兼谈球面几何学与球面三角学	即将出版		1653
从一道湖南高考数学试题谈起:兼谈有界变差数列	2024—01	48.00	1654
从一道高校自主招生试题谈起:兼谈詹森函数方程	即将出版		1655
从一道上海高考数学试题谈起:兼谈有界变差函数	即将出版		1656
从一道北京大学金秋营数学试题的解法谈起:兼谈伽罗瓦理论	即将出版		1657
从一道北京高考数学试题的解法谈起:兼谈毕克定理	即将出版		1658
从一道北京大学金秋营数学试题的解法谈起:兼谈帕塞瓦尔恒等式	即将出版		1659
从一道高三数学模拟测试题的背景谈起:兼谈等周问题与等周不等式	即将出版		1660
从一道 2020 年全国高考数学试题的解法谈起:兼谈斐波那契数列和纳卡穆拉定理及奥斯图达定理	即将出版		1661
从一道高考数学附加题谈起:兼谈广义斐波那契数列	即将出版		1662
代数学教程.第一卷,集合论	2023—08	58.00	1664
代数学教程.第二卷,抽象代数基础	2023—08	68.00	1665
代数学教程.第三卷,数论原理	2023—08	58.00	1666
代数学教程.第四卷,代数方程式论	2023—08	48.00	1667
代数学教程.第五卷,多项式理论	2023—08	58.00	1668

联系地址:哈尔滨市南岗区复华四道街 10 号　哈尔滨工业大学出版社刘培杰数学工作室
邮　编:150006
联系电话:0451—86281378　　13904613167
E-mail:lpj1378@163.com